イラストレイテッド
錯視のしくみ

北岡明佳［著］

朝倉書店

はじめに

　本書は，筆者の研究の最先端の成果を紹介したものである．執筆にあたって，内容をやさしくしようといった工夫は，特にしていない．このため，普通の書物であれば難解なものになりそうであるが，本書はどちらかというと親しみやすく，書いてあることもわかりやすいのではないかと思う．その理由としては，内容は錯視だから，親しみやすいということがある．また，本書の錯視図形は，高いレベルのフルカラー印刷で表現されているから，錯視の効果が大きく，わかりやすいということもある．メカニズムを説明するために難解なモデルを使う，ということもしていない．筆者は現象屋（メカニズムより現象を重視する研究者という意味）なので，現象レベルでの記述と説明が多いということもある．

　本書は，錯視の本なのであるが，ご覧の通り，色の錯視に偏っている．掲載している静止画が動いて見える錯視ですら，色が関係する錯視あるいは色が重要な役割を果たす錯視である．この偏りの原因は，筆者がこの本の執筆を始めた 2017 年から，執筆が完了した 2019 年にかけての筆者の研究の興味の中心が，色の錯視であったことにある．一昔前は，錯視といえば，まずは幾何学的錯視（形の錯視のこと）を連想するところで，色の錯視という分野がどの程度認知されていたのかは，よくわからない．もちろん，色の対比や色の同化，主観色，マッカロー効果，ネオン色拡散，色立体視といった色に関係する諸現象は，広くあるいは専門家に知られていたし，本書では錯視扱いしている色の恒常性現象については，色覚研究の主要なテーマの一つであった．それらの現象の中から，筆者はさらに強力な錯視を設計するとともに，新たな枠組みを提案することで，色の錯視という分野の確立に貢献してきたつもりである．本書は，その集大成の一つである．

　この序文は，本文を書き上げてから執筆している（2019 年 7 月）．本文を書き上げてから序文の執筆の間に，色立体視（chromostereopsis）について，ツイッターで一時的に人気が出るということがあったので，ここで紹介しておきたい．色立体視とは，赤と青の対象が同じ距離にあった時，赤が青より手前に見えるか，その逆に青が赤よりも手前に見える現象である．色彩関係の業界には，「進出色・後退色」という概念があって，それぞれ赤は手前に見え，青は奥に見える現象とされている．それらと一見似ているが，色立体視は色の印象の話題ではなく，両眼立体視の現象である．また，色立体視には質的な個人差があり，（黒が背景の時）赤が青より手前に見える人が比較的多いが，青が赤よりも手前に見える人も一定数いることが，知られている．今回ツイッターで調べたところでは（$n = 937$），それぞれ 55% と 20% であった．残り 10% は同じ奥

行きに見え，15％は赤が手前に見えたり，青が手前に見えたりと安定しなかった（下図）．

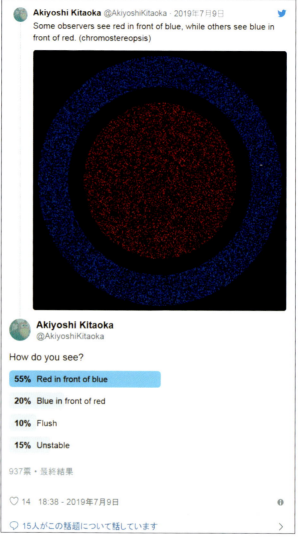

● 色立体視の図形の見え方をツイッターでアンケート調査した結果の一つ

この調査では，赤が青より手前に見える人は55％，青が赤よりも手前に見える人は20％であった．

筆者は色立体視の研究者の一人で，専門書に英語でレビューも書いている[1]のだが，このほど日本語で紹介するチャンスを逃したことに気づいた．本書のことである．もう手遅れである．またの機会にお目にかけたい．

2019年8月

北岡　明佳

---

[1] Kitaoka, A. (2016): Chromostereopsis. In: Luo M. R. (ed.) Encyclopedia of Color Science and Technology. Springer, New York, NY (pp.114–125). DOI: https://doi.org/10.1007/978-1-4419-8071-7_210

目　次

第 I 部　色と錯視　　1

1. イチゴの色の錯視のつくり方 ………………………………… 2
   - 1.1　ネットで人気のイチゴの錯視画像 ……………………… 2
   - 1.2　錯視画像はドローソフトの透明ツールでつくる ……… 4
   - 1.3　なぜ錯視画像になるのか ………………………………… 6
   - 1.4　線型変換と非線型変換の違い …………………………… 8
   - 1.5　記憶色説の考察 …………………………………………… 9

Column 錯視図形のつくり方 ……………………………………… 10

2. 並置混色と錯視 ……………………………………………… 14
   - 2.1　色は混ぜ合わせてつくられる …………………………… 14
   - 2.2　並置混色とは何か ………………………………………… 15
   - 2.3　並置混色にも加法混色と減法混色がある ……………… 17
   - 2.4　（加法混色の）白は（減法混色の）黒よりも暗い …… 18
   - 2.5　CMY を疑似原色とする加法混色系と RGB を疑似原色とする減法混色系の開発 ……………………………………… 19
   - 2.6　明るさの対比を並置混色の加法混色と減法混色で比較する …… 21

3. ムンカー錯視とその仲間たち ……………………………… 22
   - 3.1　強力な色の錯視「ムンカー錯視」 ……………………… 22
   - 3.2　ムンカー錯視の性質 ……………………………………… 24

Column 蛇の回転 …………………………………………………… 25

4. ムンカー錯視と並置混色の連続性 ………………………… 30
   - 4.1　並置混色変換によって描かれるムンカー錯視図 ……… 30
   - 4.2　描けない色を創り出す新しい技法 ……………………… 33

5. 静脈が青く見える錯視 ……………………………………… 36
   - 5.1　最も身近にある色の錯視 ………………………………… 36

5.2 「肌色」の画素の色の構成 38

6. ヒストグラム均等化仮説と色の錯視 40
   6.1 24ビット・フルカラー画像 40
   6.2 自然な画像と色の錯視画像 41
   6.3 ヒストグラム均等化仮説による説明 43
   6.4 「肌色化」アルゴリズム 46

Column 錯視の個人差 46

7. 二色法による色の錯視 54
   7.1 色の錯視としての二色法 54
   7.2 二色法における加算的色変換 56

8. 色の補完現象と並置混色 58
   8.1 色の補完現象「ネオン色拡散」 58
   8.2 ネオン色拡散と並置混色の連続性 60

Column 渦巻き錯視 61

9. ホワイト効果と並置混色 66
   9.1 強力な明るさの錯視「ホワイト効果」 66
   9.2 ホワイト効果と並置混色の連続性 67

10. 2つの色変換と2つの並置混色 72
    10.1 透明視・半透明視 72
    10.2 2つの色変換と2つの並置混色の等価性 72

第II部　形，明るさ，動き　　　　　　　　　　　　　　　　77

11. 踊るハート錯視 78
    11.1 ヘルムホルツの踊るハート 78
    11.2 北岡の踊るハート 78

12. 色依存の静止画が動いて見える錯視 84
    12.1 色依存のフレーザー・ウィルコックス錯視 84
    12.2 刺激と環境の「明るさ」にも依存する 84
    12.3 色依存のフレーザー・ウィルコックス錯視の最小単位 87
    12.4 色依存のフレーザー・ウィルコックス錯視を引き起こすトリガー 88
    12.5 そ の 他 90

- 13. 色収差による傾き錯視 ································ 94
  - 13.1 静止画が動いて見える錯視画像に見られる傾き錯視 ·········· 94
  - 13.2 色収差による位置ズレ現象と傾き錯視 ······················ 96
  - 13.3 色収差による傾き錯視の応用 ······························ 98
  - 13.4 色収差による傾き錯視いろいろ ·························· 100

- 14. 輝度勾配による明るさの錯視 ······························ 102
  - 14.1 「錯視工作」の定番 ···································· 102

- Column まぶしい錯視 ······································· 106

- 15. 形の恒常性と坂道の錯視 ·································· 108

- 索　引 ·· 116

第Ⅰ部 色と錯視

■ chapter ■

1. イチゴの色の錯視のつくり方
2. 並置混色と錯視
3. ムンカー錯視とその仲間たち
4. ムンカー錯視と並置混色の連続性
5. 静脈が青く見える錯視
6. ヒストグラム均等化仮説と錯視
7. 二色法による色の錯視
8. 色の補完現象と並置混色
9. ホワイト効果と並置混色
10. 2つの色変換と2つの並置混色

chapter 1

イチゴの色の錯視のつくり方

1.1 ネットで人気のイチゴの錯視画像

2017年の3月に,イチゴの錯視の画像がインターネット上で人気を博した.
◉1.1 と ◉1.2 がそれである.つまり,人気を博した画像は同時に2つあった.

◉1.1 加算的色変換による色の恒常性のデモ図
この図のすべての画素はシアン色(水色のような色あるいは青緑色)とその近くの色相あるいは灰色でできているが,イチゴは赤く見える.画素に赤みがないのに赤く見えることから,色の錯視あるいは色の対比の図であるともいえる.

どちらも，元の画像を色の錯視画像に変換することによって，イチゴの画像の画素に赤いものがなくなってなお，イチゴは赤く見えるというものであった．

この種の錯視画像を作る場合，元の画像はイチゴでなくてもよく，トマトでも赤い電車でもよい．また，色は赤いものでなくてもよい．レモンでもバナナでもよいし，緑の野菜でもよい．しかし，筆者のこれまでの経験によれば，この錯視は赤いものでデモをすると最も人気が出やすい．どの文献を引用すれば適切なのかわからないが，「赤は人目を引く」色とされていると思うので，「赤くないのに赤く見えて人目を引く」という現象の見せ方が，人気の秘訣かもしれない．

●1.2　二色法による色の恒常性のデモ図
この図のすべての画素はシアン色の色相あるいは灰色でできているが，イチゴは赤く見える．

●1.3　加算的色変換による色の恒常性のデモ図（右）とその原図（左）
右の図のすべての画素はシアン色とその近くの色相あるいは灰色でできているが，イチゴは赤く見える．●1.1 は RGB 値（それぞれ 0〜255 のどれかの値を取る）を輝度に換算した値を変換した結果であるが，本図は RGB 値をそのまま使用して変換した結果であるため，見え方が少し異なる．

　　　　　　　●1.1 の方を筆者のフェイスブック（Facebook）に掲載したところ[1]，ある研究者がそのツイッター（Twitter）に転載して紹介した[2]．すると，その人の影響力は大きく，この画像は一気に人気者となった．それまでは筆者のツイッターのフォロワー数は 600 人ほどだったのが，一週間足らずで 1 万人を超えた．各国のテレビなどで紹介されたことも大きかった．
　　　　　　　筆者は●1.1 をフェイスブックに，●1.2 をツイッターにポスト（掲載）していた[3]．それは深い考えがあってのことではなく，両方の SNS の友達・フォロワーに「公平に」色の錯視デモをアピールしたつもりであった．これが災いして，いや幸いしたのかもしれないが，ツイッターでは●1.2 が人気を博したのである◆1．その後，●1.1 を改良した●1.3 をツイッターに投入したが，反応は少なかった．基本的に同じものだからであろう．
　　　　　　　一瞥してわかる通り，●1.1 と●1.2 は異なる色変換を用いている．●1.1 は「加算的色変換」と私が呼んでいるもので，アルファブレンディングと呼ぶとわかりやすい人もいる．一方，●1.2 は二色法というものである．実は，●1.1 も●1.2 もこれまであまり知られていない特殊な色変換なのであるが，二色法はより多くの説明を必要とするので省略して（第 7 章参照），ここでは加算的色変換による色の錯視の説明とつくり方の解説を行う．

◆1 ツイート後の一カ月で，「いいね」が 1 万件弱，リツイートが 5000 件弱という人気ぶりであった．

1.2　錯視画像はドローソフトの透明ツールでつくる

　　　　　　　実は，●1.1 や●1.3 右のような錯視画像をつくるのは簡単なのだ．といっても，そのためには適切なグラフィックスのソフトウェアが必要だ．グラフィック

[1]　https://www.facebook.com/akiyoshi.kitaoka/posts/10209232017652265
[2]　https://twitter.com/social_brains/status/836088599418281984/photo/1
[3]　https://twitter.com/AkiyoshiKitaoka/status/836382313160171521/photo/1

1.4　ドローソフトにおける「透明」という機能
左図では 1 番目のオブジェクト（ここではイチゴの写真）の上に 2 番目のオブジェクトを描画すると，1 番目のオブジェクトのうち重なりの部分は見えなくなる（遮蔽）．この時，2 番目のオブジェクトの透明度はゼロである．右図ではここでその透明度を上げると（透明度 50％，変換モードは「標準」（コーレルドロー）），2 番目のオブジェクトを通して，1 番目のオブジェクトが見えてくる．このような見え方を透明視という．

スソフトには，ビットマップデータを扱うペイントソフトとベクトルデータを扱うドローソフトが区別されるが，この用途には後者を選ぶのがよい．アドビ・イラストレーター（Adobe Illustrator）とコーレルドロー（CorelDRAW）が代表的なドローソフトである（ともに市販品）．ほかにも，キャンバス（Canvas）やインクスケープ（Inkscape）などのソフトが販売あるいはフリーで出回っている．筆者はコーレルドローをおもに用いていることと，アドビ・イラストレーターも所有しているという事情から，この 2 つのソフトについて言及する．

　ドローソフトには，「透明」という機能あるいはツールがある（アドビ・イラストレーターでは「不透明度」）．デフォルトでは（何もしなければ），描画したオブジェクトの透明度はゼロ（不透明度は 100％）なので，1 番目のオブジェクトの上に 2 番目のオブジェクトを重ねたら，1 番目のオブジェクトの重なった部分は見えない（●1.4 左）．　映画館で自分の前の席に座高の高い人が座ったら映画がよく見えないのと同じである．しかし，2 番目のオブジェクトが透明だったらどうだろう．2 番目のオブジェクトを通して，1 番目のオブジェクトが見えることになる（●1.4 右）．これが透明という機能である．映画館で前に座った人が透明人間なら問題が少ないのと同じである．

　●1.4 では，透明な窓を通して赤いイチゴが見える．それが本当に赤い画素でできているかどうかということを確かめる人は少ないであろう．そう見えてしまっているからだ．ところが，調べればわかるが，それぞれの画素は赤くなく，シアン色（水色のような色あるいは青緑色）あたりの色相あるいは灰色で構成されている．このように，フィルターによる物理的な色みを取り除いて，対象の「本当の色」を知覚できるメカニズムあるいは現象のことを，「色の恒常性」（color constancy）と呼ぶ．

　さらに，「測色的には赤い画素ではないのに赤く見える」という知識と知覚の

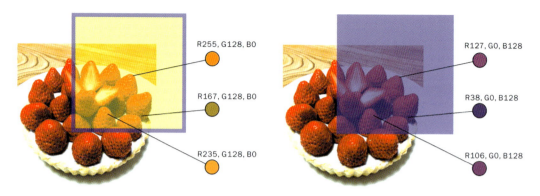

●1.5 透明変換の例
左図では，フィルターの色は黄（R255, G255, B0），透明度 50%，変換モードは「標準」（コーレルドロー）とした．右図では，フィルターの色は青（R0, G0, B255），透明度 50%，変換モードは「標準」とした．左図のフィルター内のイチゴの画素はオレンジ色の色相となり，右図では紫色の色相となる．本図は色の恒常性のデモ用の図としては活用できるかもしれないが，色の錯視図形であるとは認知されにくいだろう．本図の数値はコーレルドロー（X4）のアルゴリズムの仕様のため，わずかに理論値通りではないものがある．

離齬に注目すると，この現象は「色の錯視」（color illusion）というカテゴリーで認識されることになる．より具体的には，「色の対比」（color contrast）現象の一種である．一般に「錯視」というと「知覚の間違い」というイメージがあるのだが，色の恒常性は生物の生存にとって役立つ機能であるから，その意味では間違いというわけではない．あくまで，現象を読み解くための認識のアプローチの違いによって，本現象は恒常性扱い（正しいもの扱い）されたり，錯視扱い（間違ったもの扱い）されたりするのである．

[2] R, G, B値はそれぞれ0から255までの値を取る．赤は（R255, G0, B0）で表される．黄色は（R255, G255, B0）である．R, G, B値が等しい場合，たとえば（R100, G100, B100）は灰色を表す．

イチゴの色の錯視をつくる場合は，イチゴは赤いので，その反対色であるシアン色（R0, G255, B255）を色のフィルターとして用いる[2]．ちなみに，ディスプレイや印刷の体系では，赤（R）の反対色はシアン（C）で，緑（G）の反対色はマゼンタ（M），青（B）の反対色はイエロー（黄）（Y）である．ほかの色でも色の恒常性のデモとしては問題ないのだが，たとえば黄色や青色をイチゴの画像に採用すると，●1.5 のようになる．この図を色の錯視のデモとして取り扱おうとすれば，「画素はオレンジ色あるいは紫色なのにイチゴは赤く見える」という表現となる．しかし，「オレンジ色や紫色は赤い色を含むから，赤く見えても不思議ではない」という理由によって，「錯視らしさ」が弱い，すなわちウケないというおそれがある[3]．このため●1.1〜1.3 では反対色を採用し，わざわざ赤みを消してデモしているのである．これは，「ある色の反対色にその色みが同時に知覚されることはない」という反対色の性質を考慮している．

[3] 科学的な表現とはいえないことだが，錯視と呼ばれるためには見た目のインパクトが重要なのだ．

1.3 なぜ錯視画像になるのか

加算的色変換は，1 番目の画像の各画素と 2 番目の画像の各画素の RGB 値の重み付け平均である．その重みを $\alpha\,(0 \leq \alpha \leq 1)$ とおくと，ある画素の新しい R 値（R_{new}），G 値（G_{new}），B 値（B_{new}）は，

$$R_{new} = \alpha R_1 + (1-\alpha)R_2$$
$$G_{new} = \alpha G_1 + (1-\alpha)G_2$$
$$B_{new} = \alpha B_1 + (1-\alpha)B_2$$

となる．1番目の画像を変換したい写真などの元の画像，2番目の画像を色フィルターの画像と考えると，$\alpha = 0$ の時にはフィルター画像しか見えないので，不透明でベタ塗りの色の面が見えることになる．🔴1.4 左のように 2 番目のオブジェクトが 1 番目のオブジェクトの一部を隠しているという構図であれば，部分的に遮蔽（occlusion）という状態である．アドビ・イラストレーターの表現では「不透明度 100%」である．一方，$\alpha = 1$ の時には元の画像しか見えないので，何の変換も起きていないことになる．α を透明度と呼ぶなら，「透明度 100%」あるいは完全に透明の状態である．それら両極端の中間の場合（$0 < \alpha < 1$），2 番目の画像を通して 1 番目の画像が見えるという状態になる．このような見え方を透明視（perceptual transparency）と呼ぶ．

ここで，$\alpha = 0.5$ の時の色変換を考えてみよう．赤いイチゴの画素で，最も赤みが強いところは，R255, G0, B0 である．$\alpha = 0.5$ ということは，変換後は値が半分になる（小数点以下切り上げなら R128, G0, B0 となる）．一方，2 番目の画像（色のフィルターの画像）がシアン色（R0, G255, B255）の場合，変換後は R0, G128, B128 となる．加算的色変換あるいはアルファブレンディングとは，それら変換後の色の値の足し算をすることであるから，1 番目の画像の画素が最も鮮やかな赤であったとしても，2 番目の画像との合成後は灰色になるのである．すなわち，

$$\begin{pmatrix} R_{new} \\ G_{new} \\ B_{new} \end{pmatrix} = 0.5 \begin{pmatrix} 255 \\ 0 \\ 0 \end{pmatrix} + (1-0.5) \begin{pmatrix} 0 \\ 255 \\ 255 \end{pmatrix} = \begin{pmatrix} 128 \\ 128 \\ 128 \end{pmatrix}$$

ということで RGB 値がすべて等しくなり，灰色となる．最も鮮やかな赤でも灰色にしかならないので，それより暗い赤（R 値が小さい赤）は R 値が G 値や B 値より小さい色に変換されるから，シアン色の色相に変換されることになる．一方，R 値は最大だが G 値や B 値がゼロではない赤色は，その G 値と B 値の半分が足されるので，変換された R 値が G 値や R 値を超えることはない．この数学的性質によって，🔴1.3 右の全画素は，灰色かシアン色近辺の色相となる．

ところで，🔴1.3 右は $\alpha = 0.50$ で変換されたものであるが，🔴1.1 は $\alpha = 0.53$ で変換されている．実は，🔴1.1 と 🔴1.3 右の元の画像が少し違っていて，🔴1.1 は撮った写真（ここでは示されていない）を変換したものであるが，その写真の彩度（鮮やかさ）を上げた「修正画像」（🔴1.3 左）を変換したものが🔴1.3 右である．🔴1.1 の場合はオリジナルの写真の赤の鮮やかさが最大ではなかったので，若干ゆるめのパラメーターですべての画素を灰色あるいはシアン色の色相に変換できたのである．

α は 0.5 よりも大きければ，赤い色相の画素が残る可能性がある．一方，α は 0.5 よりも小さければ，すべてシアン色の画素にできるが，α は小さいほど

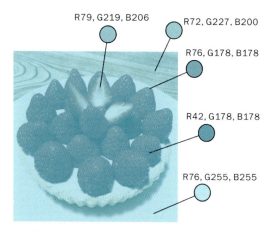

● 1.6 アルファ値を変化させた図
$\alpha = 0.3$（左上），0.4（右上），0.5（左下．● 1.3 右と同じ図），0.6（右下）．アルファ値が大きいほど，シアン色のフィルターの透明度が高いことを意味する．言い換えれば，イチゴの写真の画像からの情報が多いことを意味する．アルファ値が 0.5 を超えると，実際に赤い画素が残存する可能性がある．右下の図（$\alpha = 0.6$）には，実際に赤の色相の画素がある（R153, G102, B102）．一方，アルファ値が下がるほど，イチゴは赤く見えにくくなり，ある値以下（観察者によって異なる）では色の恒常性は失われる．

色の恒常性の効果が弱くなって，インパクトが下がる．$\alpha = 0.5$ は絶妙なパラメーターなのだ．これらの関係を ● 1.6 に示した．

1.4　線型変換と非線型変換の違い

● 1.1 と ● 1.3 右を比較すると，● 1.1 の方が半透明な感じに見えると思う．これは変換のやり方の違いである．● 1.3 右は RGB 値をそのままパラメーターとして用いて計算した画像であるが，● 1.1 は RGB 値を一旦理想的な輝度値（物理的な明るさ）に換算し，輝度値をパラメーターとして計算して，その結果を RGB 値に逆換算して表示した画像である．なぜそのような面倒なことをするかというと，ナマの R 値，G 値，B 値はそれぞれ輝度に対して線型ではない

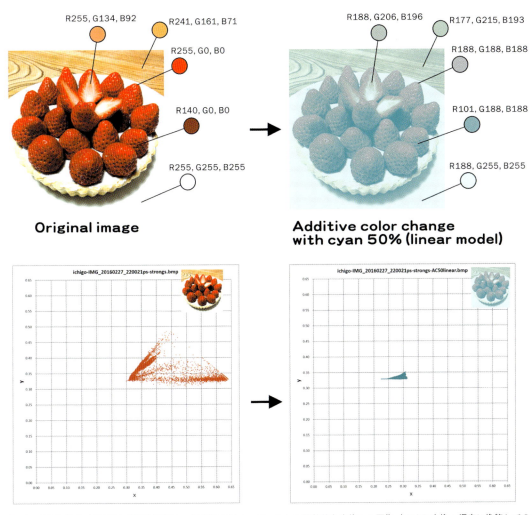

● 1.7 RGB値を（仮想の）輝度に変換し，輝度をパラメーターとして加算的色変換した画像（sRGB変換：輝度に換算しての線形変換，IEC 61966-2-1 に準拠）

$\alpha = 0.5$．「linear」（線型）は，輝度に換算して計算したということを示している．下のグラフはそれぞれの画像の画素の CIE xy 色度図上の分布．この場合の白色点は，$x = 0.3127$，$y = 0.3290$ の位置である．x が 0.3127 より大きい画素は赤みがあり，それより小さい画素はシアン色的で，赤みがない．元の画像（左上）の画素の多くに赤みがあるが，変換後の画像（右上）の画素すべての x は 0.3127 以下で，赤みはない．

（比例しない）からである．たとえば，R値は2倍になっても輝度（物理的明るさ）は2倍にはならない（2倍より大きくなる）．

● 1.3右と比較するために，●1.3左の画像を輝度に換算して線型に変換した結果が●1.7右である．輝度で計算することで，実際にそういう物体と色フィルターが存在した場合はこうなるであろうというシミュレーションができる．ドローソフトはRGB値をパラメーターとして色変換を行うので，輝度をパラメーターとして計算するためには，専用の色変換プログラムを自作する必要がある◆4．

◆4 しかし，色覚の視覚科学的な研究用途でもなければ，ドローソフトの色変換でたいていは十分である．

1.5 記憶色説の考察

「イチゴの色の錯視」をデモしていると，「イチゴは赤いという知識があるか

◉1.8　イチゴの色の錯視・6色
左上：イチゴは赤く見えるが，画像はシアン色か灰色の画素でできている．中上：イチゴは黄色く見えるが，画像は青色か灰色の画素でできている．右上：イチゴは緑色に見えるが，画像はマゼンタ色（赤紫色）か灰色の画素でできている．左下：イチゴは青緑色に見えるが，画像は赤色か灰色の画素でできている．中下：イチゴは青く見えるが，画像は黄色か灰色の画素でできている．右下：イチゴは赤紫色に見えるが，画像は緑色か灰色の画素でできている．

ら赤く見える」という記憶色説が，多くの人には受け入れやすい説明のようであった．それは妥当な説明ではないのだが，妥当な説明（色の恒常性でそう見える）はなかなか理解してもらえない傾向にあった◆5．

　一応，記憶色説では説明のつかない図を出しておきたい．◉1.8である．イチゴの色を赤から黄，緑，シアン，青，マゼンタに変えた図を，それぞれ反対色での加算的色変換を $\alpha = 0.5$ で行ったものである．このようにしても，それぞれ画素には存在しないはずの色のイチゴが知覚されるのだから，記憶色説では説明できない．

　なお，私は「イチゴの錯視に記憶色の関与はない」といっているのではない．「イチゴの錯視で本質的なことは色の恒常性だ」と主張しているのである．精密な実験をすれば，ある程度の記憶色の効果は検出できるかもしれない．しかし，その場合でも効果量は少ないであろう◆6．

◆5 いくつかのマスコミからこの画像を紹介したいという申し出を受けてきたが，そのうちのいくつかは記憶色説に沿ったコメントを私が出すように求めてきた．私が応じなかったところ，あるテレビ番組は「色の恒常性という説明では視聴者が誤解する」と不採用を通知してきたほどで，記憶色説への偏好が見られた．

◆6 もし記憶色の効果がデモとして通用するほど大きいものならば，私はそういうデモを今すぐにつくれると思うのだが，できそうな気はしない．

錯視図形のつくり方

パソコンとプリンタが普及する20世紀末までは，錯視の絵は，定規やコンパスを補助具として，ペンでドローイングする製図によって制作されていた．手描きの錯視画はそれなりに味わい深く，絵のうまい人なら今でも有力な手法と思うが，自分で初めて錯視を描いてみたいという方には，パソコンとドローソフトを用いた製図をお薦めする．ドローソフトにはいろいろあるが，デザイナーの間ではアドビ・イラストレーター（Adobe Illustrator）の一択である．ただし，筆者はコーレルドロー（CorelDRAW）というソフトを用いている（作品例：●1〜5）．錯視図形を描くだけの用途なら，コーレルドローの方が使いやすいと思う．

一方，撮った写真の明るさや色みを調整するソフトあるいはアプリがスマホなどには入っていると思うが，それはフォトレタッチソフトといわれるものである．本格的なものとしては，アドビ・フォトショップ（Adobe Photoshop）が有名である．筆者が使っているのは，コーレル・フォトペイント（Corel PHOTO-PAINT）というソフトである．しかし，それらは錯視図形の制作にはあまり向いていない．

プログラミングという方法もある．初心者に，どのプログラミング言語を薦めるべきかについては，私にはわからない．C，C++，C♯，Python，JavaScript，Rubyなど，プログラミング言語にはいろいろ種類がある．私はDelphiという知る人も少ない旧式のプログラミング言語を使っている．しかし，錯視図形つくる程度なら，それで十分である．ただし，初心者がDelphiを習得しようとする場合の難易度については，筆者はほかのものと比較したことがないから，わからない．

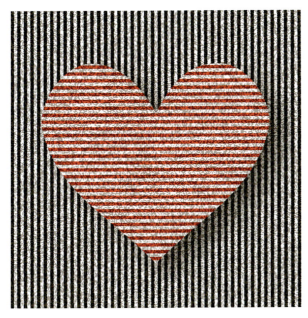

●1　コーレルドローを用いて描画した錯視画像の例その1

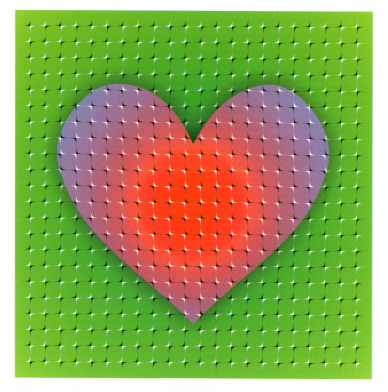

●2　コーレルドローを用いて描画した錯視画像の例その2

●3　コーレルドローを用いて描画した錯視画像の例その3

コラム　錯視図形のつくり方　13

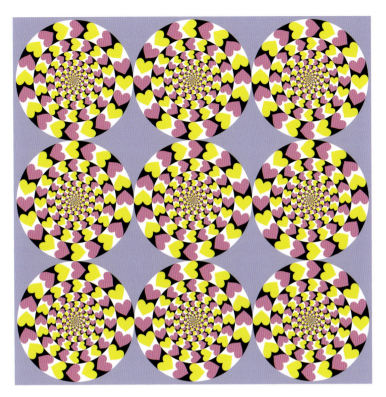

●4　コーレルドローを用いて描画した錯視画像の例その4

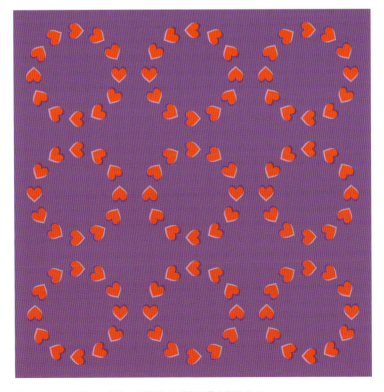

●5　コーレルドローを用いて描画した錯視画像の例その5

chapter 2 並置混色と錯視

2.1 色は混ぜ合わせてつくられる

テレビやPCやスマホなどのディスプレーは，画像をフルカラーで示しているように見えるが，物理的なことをいうと，そうではない．フルカラーに見えるのは，いわば錯視である．画面を拡大してみるとわかるが，ディスプレーは赤と緑と青の3種類の発光体で構成されている．たとえば，黄という発光体はなく，赤と緑が当量発光した時に，黄色に見える．この現象は混色と呼ばれる．

混色には2種類ある．加法混色と減法混色である．テレビやスマホのディスプレーは，加法混色系を採用している．すべての素子が光を発していない時は画像は黒，赤を発していれば赤，緑を発していれば緑，青を発していれば青が見える．さらに，赤と緑が同時に発光していれば黄色，赤と青ならマゼンタ色（明るい赤紫色），緑と青ならシアン色（水色のような色あるいは青緑色）に見える．赤と緑と青すべてが発光していれば，白が知覚される（●2.1a）．それぞれの色の発光の強さに応じて，中間の色が見える[1]．この体系は，混色すると明るくなることから，加法混色と呼ばれる．

[1] たとえば，赤が100%発光し，緑が50%の場合は，橙色（オレンジ色）が知覚される．

一方，減法混色が見られるのは，絵画や印刷の場合である．何も描かなければ画像は白で，シアン色の絵の具・塗料・染料・顔料を塗ればシアン色，マゼンタ色を塗ればマゼンタ色，黄色を塗れば黄色が見える．さらに，シアン色とマゼンタ色を混ぜ合わせて塗ると青色，シアン色と黄色なら緑色，マゼンタ色と黄色なら赤色に見える．シアン色とマゼンタ色と黄色すべてを混ぜれば，黒

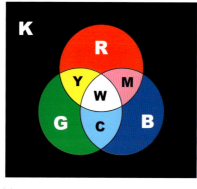
(a)

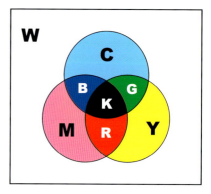
(b)

●2.1 加法混色（a）と減法混色（b）
加法混色系では，何もなければ画像は黒（K）であり，原色は赤（R）・緑（G）・青（B）である．それら3色を混色すると白（W）が得られる．減法混色系では，何もなければ画像は白であり，原色はシアン（C）・マゼンタ（M）・イエロー（黄）（Y）である．それら3色を混色すると黒が得られる．

となる（2.1b）．この体系は，混色すると暗くなることから，減法混色と呼ばれる．

2.2 並置混色とは何か

　色の要素（色光あるいは絵の具）を物理的に混ぜずに，空間的に並べた刺激を脳内で混色させることを，並置混色と呼ぶ．絵画の世界では，点描がその例である．テレビや PC やスマホなどのディスプレーは，正確にいえば並置混色の刺激配置を採用しているが，人間の視覚系の分解能を超えた細かさで表示されるので，網膜像としては要素を区別できず，普通の混色として取り扱われている．並置混色は，並置された要素あるいは原色が識別できる場合の混色である．たとえば，●2.2 を近くから見ると，白地にシアン色，マゼンタ色，黄色の長方形が並んでいるだけであるが，ある程度遠くから見ると，トマトの写真であることがわかる．

●2.2 を縮小したもの

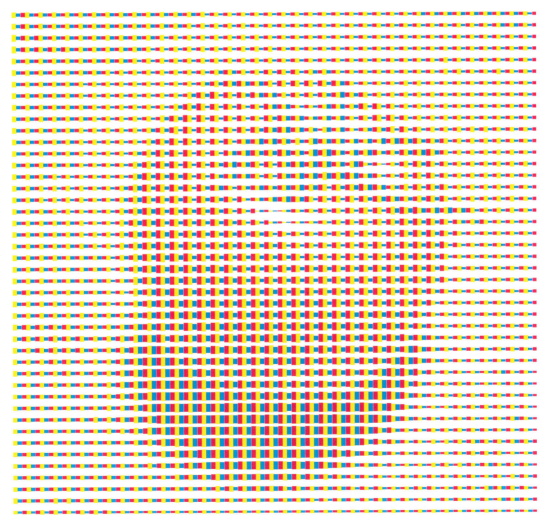

●2.2　トマトの写真の並置混色表示
白地に，シアン，マゼンタ，イエローの長方形で構成されている．

16　2. 並置混色と錯視

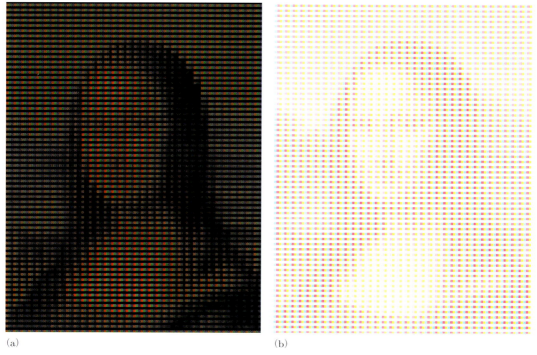
(a)　　　　　　　　　　　　　　　(b)
●2.3　加法混色で並置混色変換したモナリザ（a）と減法混色で並置混色変換したモナリザ（b）

(a)　　　　　　　　　　　　　　　(b)
●2.4　加法混色で並置混色変換したモナリザ (a) と減法混色で並置混色変換したモナリザ (b)
画素が小さいとオリジナルの画像に近く見える．

2.3 並置混色にも加法混色と減法混色がある

テレビや PC やスマホなどのディスプレーは並置混色の刺激配置であるためか，並置混色というと加法混色を思い浮かべやすい気がする．また，「並置混色は中間混色」という説明をどこかで見たことがある．「中間混色」とは何のことかということはさておき，そういう説明では並置混色は 1 種類だということを暗示している．

しかし，◉2.2 が減法混色の画像であることは明らかだ．並置混色にも加法混色と減法混色を区別できる．たとえば，◉2.3a は RGB（赤・緑・青）を原色とする加法混色で変換したモナリザ，◉2.3b は CMY（シアン・マゼンタ・イエロー）を原色とする減法混色で変換したモナリザである．このくらい画素がはっきり見えれば，並置混色らしいし，錯視らしい感じもある．一方，画素を小さくすれば，並置混色であることがわかりにくくなるとともに，オリジナルの写真に近い感じになる（◉2.4）．

並置混色では，加法混色はオリジナル画像より暗くなり，減法混色は明るくなる．それは，オリジナル画像の 1 つの画素（ピクセル）を，変換画像では 3 つの画素（サブピクセル）で表現することになるためである．加法混色では，変換画像は最高でもオリジナル画像の 3 分の 1 の暗さになり，減法混色では，最低でも 3 倍の明るさになる．◉2.5 に，並置混色の加法混色と減法混色の基本構造を図示した．

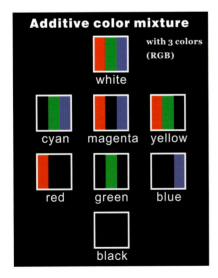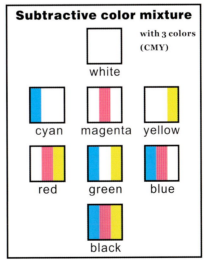

◉2.5　並置混色の基本構造
加法混色（左）と減法混色（右）．加法混色では，キャンバスは黒で，原色は RGB（赤・緑・青）である．1 ピクセルは RGB のサブピクセルからなる．RGB サブピクセルそれぞれ 100% で白を表現する（左上）．減法混色では，キャンバスは白で，原色は CMY（シアン・マゼンタ・イエロー）である．1 ピクセルは CMY のサブピクセルからなる．CMY サブピクセルそれぞれ 100% で黒を表現する（右下）．

2.4 （加法混色の）白は（減法混色の）黒よりも暗い

　並置混色の絵の場合は，白は黒よりも物理的に暗いことがある．特段の条件を付けずに描画すれば，加法混色の白はそれぞれRGBの要素を並べて表現され，減法混色の黒はそれぞれCMY（それぞれ白からRGBを引いた色）の要素を並べて表現されるのだから，前者は後者の半分の物理的明るさとなるのだが，必ずしもそのようには見えない．白は白，黒は黒に見える（●2.6）．これによって，白や黒の知覚は，必ずしも平均輝度（物理的明るさ）の高低だけで決まっているわけではないことがわかる．

●2.6　RGB加法混色による（髪と服の）白（左の絵）とCMY減法混色による（髪と服の）黒（右の絵）の比較
理論的には，左の絵の白は右の絵の黒の半分の物理的明るさであるが，必ずしもそのようには見えない．

2.5 CMY を疑似原色とする加法混色系と RGB を疑似原色とする減法混色系の開発

●2.6 を示して「白は黒よりも物理的に暗いことがある」と指摘してみても，読者はさほど驚かないかもしれない．片や RGB で構成された画像であり，片や CMY で構成された画像なので，比較にならないと思われてしまうからだ．

そこで開発したのが，「CMY を疑似原色とする加法混色」と「RGB を疑似原色とする減法混色」である（●2.7）．これまで示してきた並置混色では，サブピクセルは 1 ピクセルあたり 3 つであったが（●2.5），これらの並置混色では 6 つである．実際には，加法混色の原色 RGB を CMY に置き換え，減法混色の原色 CMY を RGB に置き換えただけなので，疑似原色と表現してみた．

このうち，RGB を疑似原色とする減法混色の画像の黒（●2.7 右下）に注目し，RGB を原色とする加法混色の画像の白（●2.5 左上）と比較してみよう．どちらも同一の RGB の縞模様ということになる．この性質を応用した●2.8 では，左の髪と服は白く見え，右の髪と服は黒く見えるが，全く同じ RGB の色縞パターンである．同一の色の縞模様が，片や白，片や黒に見えるのだ◆2．

一方，CMY を疑似原色とする加法混色の画像の白（●2.7 左上）に注目し，CMY を原色とする減法混色の画像の黒（●2.5 右下）と比較してみることもできる．どちらも同一の CMY の縞模様となる．●2.9 では，左の髪と服は白く見え，右の髪と服は黒く見えるが，全く同じ CMY の色縞パターンである．ここでも，同一の色の縞模様が，片や白，片や黒に見える．

◆2 これなら錯視らしくて，読者にはわかりやすく，おもしろがってもらえるのではないか．

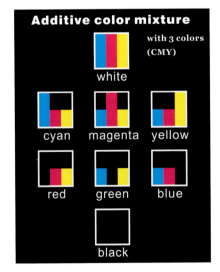 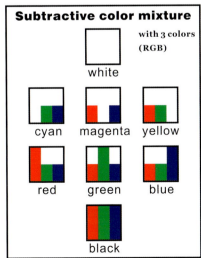

●2.7 CMY を疑似原色とした加法混色系（左）と RGB を疑似原色とした減法混色系（右）
1 ピクセルを 6 サブピクセルに分割し，たとえば赤は，加法混色系では M と Y の 1 サブピクセルで表現し，減法混色系では 2 サブピクセルの R と 1 サブピクセルずつの G と B で表現する．この場合，加法混色系では白は CMY それぞれ 2 サブピクセルずつ（CMY それぞれ 100%）で表現され，減法混色系では黒は RGB それぞれ 2 サブピクセルずつ（RGB それぞれ 100%）で表現される．

20   2. 並置混色と錯視

●2.8　RGB 加法混色による白表現（左）と疑似 RGB 減法混色の黒表現（右）の比較
髪と服はどちらも同じ RGB の色縞でできているが，左の方は白，右の方は黒に見える．

●2.9　疑似 CMY 加法混色による白表現（左）と CMY 減法混色の黒表現（右）の比較
髪と服はどちらも同じ CMY の色縞でできているが，左の方は白，右の方は黒に見える．

2.6　明るさの対比を並置混色の加法混色と減法混色で比較する

●2.8や●2.9の現象を錯視として分類するならば[3]，明るさの錯視の一種ということになる．明るさの同化か対比かという二者択一で考えるならば，明るさの対比の一種である．明るさの対比の一般的な刺激図形は，輝度の異なる内側と外側の2領域からなる図形であり，「外側が内側よりも明るければ内側は暗く見え，外側が内側よりも暗ければ内側は明るく見える」という錯視である（明るさの対比はあまり「錯視」とはいわれないが）（●2.10a）．

明るさの対比と同様な図形を並置混色でつくってみたのが，●2.10bである．左はRGB加法混色の変換によって白い円の画像を変換して得られた画像で，右は疑似RGB減法混色の変換によって黒い円の画像を変換して得られた画像である．円内は同じRGBの色縞であるが，●2.10bの左の円は白っぽく見え，右の円は黒っぽく見える．●2.10aよりは，知覚される明るさの差は大きいであろう．すなわち，明るさの対比の強力版と位置付けることができる．

[3] 明るさの恒常性の一種として論じることもできる．明るさの恒常性とは，照明の強弱やフィルターの強さの違いによって，対象の輝度が変化しても，知覚される対象の明るさあるいは明度は，ある程度一定を保つ現象のことである．

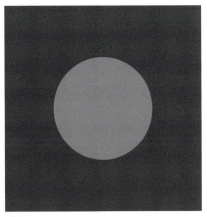

(a)

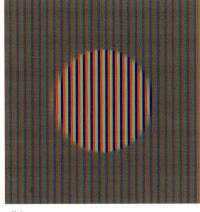
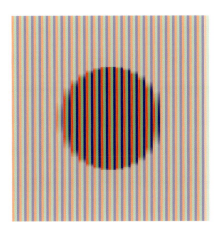

(b)

●2.10　明るさの対比との関係
 (a) 明るさの対比．左右の円内は同じ輝度であるが，より暗い領域に囲まれている左の方が明るく見える．
 (b) 並置混色のRGB加法混色により白く見える円（左）と疑似RGB減法混色により黒く見える円（右）．どちらも円は同じRGBの色縞である．

chapter 3

ムンカー錯視とその仲間たち

3.1 強力な色の錯視「ムンカー錯視」

色の錯視にもいろいろ種類があるが，その中でも色が質的に変わって見える錯視は，インパクトが強い．その代表例の一つに，ムンカー錯視（Munker illusion）[1]がある．たとえば，●3.1 では，上列の赤色の縞模様は，左右とも同じ赤色であるが，左は赤紫色に，右はオレンジ色に見える．また，下列の緑色の縞模様は，左右とも同じ緑色であるが，左は青緑色に，右は黄緑色に見える．

ムンカー錯視は，現象的には，色の対比と色の同化の2つの作用で説明できる◆1．色の対比とは，ターゲットに対して，色を誘導する領域の色の反対の色相の色（青の反対色なら黄）が誘導されるということであり，色の同化とは，色を誘導する領域の色と同じ色相の色が誘導されるという意味である．ここで，ムンカー錯視図形の構造として，●3.2 のような二層構造を考えよう．ターゲット（●3.2 ではハート）と同層にあるその周囲（●3.2a）からは色の対比の効

◆1 「神経メカニズムとしても，そのようになっていると考えられる」という意味ではない．

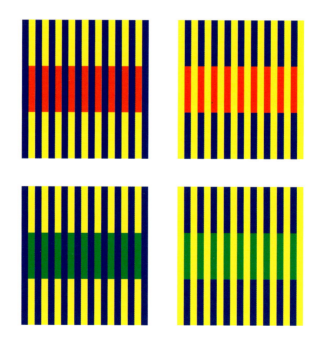

●3.1 ムンカー錯視
色の配置によって，赤が赤紫（左上）やオレンジ色（右上）に，緑が青緑（左下）や黄緑（右下）に見える．

[1] Munker, H. (1970): Farbige Gitter, Abbildung auf der Netzhaut und übertragungstheoretische bung der Farbwahrnehmung. Habilitationsschrift, Ludwig-Maximilians-Universität, München.

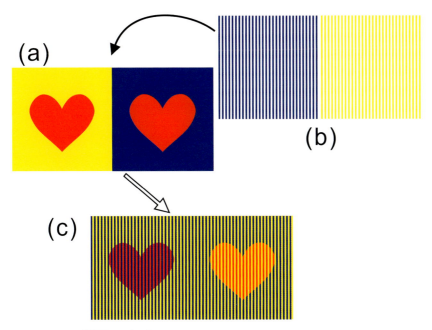

●3.2 ムンカー錯視図のつくり方
ムンカー錯視は，現象的な説明としては，色の対比（a）と色の同化（b）の組み合わせで得られる．たとえば，左の赤いハートは，周囲の黄色の反対色である青色が誘導され（a），上にかぶせる縞模様の青色からは同色相の青色が誘導される（b）ため，ハートは赤と青の混色で赤紫に見える（c）と説明できる．一方，右の赤いハートは，周囲の青色の反対色である黄色が誘導され（a），上にかぶせる縞模様の黄色からは同色相の黄色が誘導される（b）ので，ハートは赤と黄の混色でオレンジ色に見える（c）と説明できる．

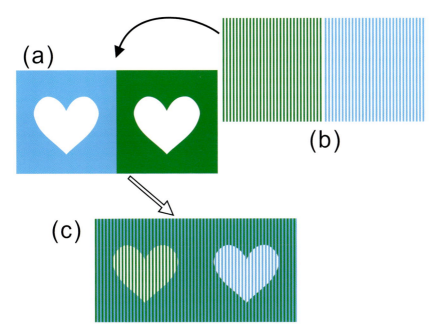

●3.3 図にはない色を誘導するムンカー錯視
ムンカー錯視を用いて，白いハートを黄色く見せたり（c 左），青白く見せることができる（c 右）．これは，ムンカー錯視において色の対比と色の同化の両方が働いている証拠となる．

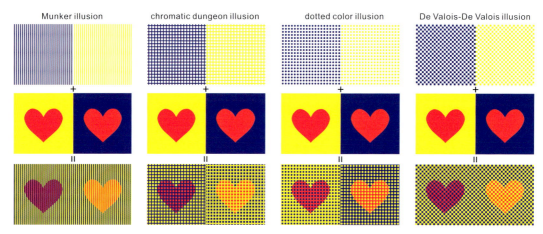

●3.4 ムンカー錯視とその仲間たち
左から，ムンカー錯視，「色の」土牢錯視，「色の」ドット錯視，デヴァロイス・デヴァロイス錯視．「上にかぶせるもの」は，左から縞模様，格子パターン，ドット，市松模様である．

◆2 この考え方は筆者のオリジナルではなく，おそらく Munker（1970）が最初である．

◆3 この例では，黄色や青色そのものを誘導色として用いることなく，それらを錯視的に誘導できる．

◆4 一般的に，錯視は，効果的なデモをつくろうとすると刺激条件がうるさいことが多いのだが，ここでは比較的自由度が高いという意味である．

◆5 上にかぶせるものが等間隔の線の時にムンカー錯視と呼ばれるだけのことであって，ほかのパターンをかぶせても等価の錯視が得られると筆者は考えている．

果を受け，上にかぶせるもの（●3.2b）からは色の同化の作用を受けると考えるのである◆2．

筆者の経験上，「ムンカー錯視は，色の対比あるいは色の同化のどちらかだけで説明できるのではないか」と考える人は少なくないので，両方の作用が働いている証拠を示しておきたい◆3．●3.3（c）では，左のハートは，物理的には白であるが，黄色く見える．この色誘導を説明するためには，ハートの周囲のシアン色の反対色である赤が誘導され（a），上にかぶせる縞模様の緑からは同色相の緑が誘導され（b），ハートは赤と緑と白の混色で黄色がかって見える（c）と説明できる．同様に，右のハートも物理的には白であるが，青白く見える．この色誘導を説明するには，ハートの周囲の緑色の反対色であるマゼンタ色が誘導され（a），上にかぶせる縞模様のシアン色からは同色相のシアン色が誘導され（b），ハートはマゼンタ色とシアン色と白の混色で青白く見える（c）と説明できる．

ムンカー錯視は，「上にかぶせるもの」すなわち●3.2や●3.3の（b）に相当するものは，比較的何でもよい◆4．格子でも，ドットでも，市松模様でもよい（●3.4）．◆5．このため，ムンカー錯視を「工作」としてデモする場合，きれいな線を引く必要はなく，デモ工作の失敗はあまり心配しなくてよい（●3.5）．

3.2 ムンカー錯視の性質

以下，ムンカー錯視の性質あるいは関連情報をいくつか述べておきたい．ムンカー錯視は，「上にかぶせるもの」の空間周波数が高い（きめが細かい）方が効果が強い（●3.6）．このため，錯視が弱い場合は，刺激画像を遠くから眺めると効果が増す場合がある．ムンカー錯視のグレースケール版は，ホワイト効果（White's effect）[2] と呼ばれる．ターゲットの輝度（物理的な明るさ）が同じでも，（知覚される）明るさが異なって見える錯視である（●3.7）．ホワイト効果

---

[2] White, M. (1979) : A new effect on perceived lightness. *Perception*, **8**, 413–416.

◉3.5 ムンカー錯視の工作デモ

では，ターゲットの輝度は，周囲の輝度と上にかぶせるものの輝度の中間である必要があるのだが，色相の錯視であるムンカー錯視には，そのような制約はない（◉3.8）．そのほか，ターゲットは無彩色でも色は誘導される（◉3.9）．筆者が制作したムンカー錯視作品の中で一番人気は，「水色と黄緑の渦巻き」（◉3.10）である．ただし，印刷では色の再現が難しいようである．

26　3. ムンカー錯視とその仲間たち

●3.6　ムンカー錯視の空間周波数特性
縞模様の空間周波数が高い（きめが細かい）方が，錯視の効果が大きい（下のものほど錯視が強い）．

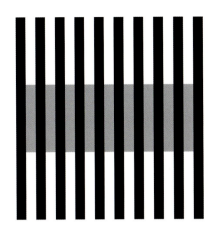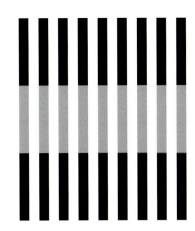

●3.7 ホワイト効果
左右の灰色の縞模様は同じ輝度であるが,左は暗く,右は明るく見える.

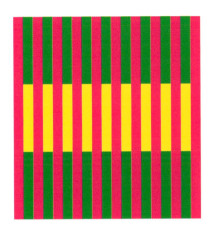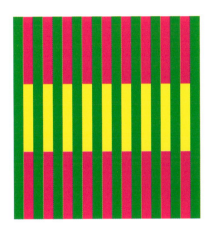

●3.8 同じ黄色が,クリーム色(左)と,レモンイエロー(右)に見えるムンカー錯視図形

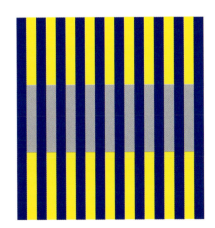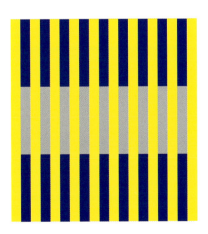

●3.9 ターゲットが灰色の場合のムンカー錯視図形
左のブロックでは灰色が青みがかって見え,右では黄みがかった灰色に見える.

3.10 作品「水色と黄緑の渦巻き」(2003 年制作)
水色の螺旋と黄緑の螺旋があるように見えるが，どちらも同じ青みの緑色である．

蛇の回転

　2003年に，筆者は「蛇の回転」（●1）を制作し，勤務する立命館大学のサイト[1]に掲載したところ，世界的に人気を博し，筆者の代表作品のようになった．静止画が動いて見える錯視には，何かをすると（それに連動して）動いて見える錯視と，何もしなくても動いて見える錯視に大別されるが，本作品の錯視は後者である．筆者としては，この作品は，フレーザー・ウィルコックス錯視[2]を最適化した錯視（最適化型フレーザー・ウィルコックス錯視）[3]のデモという位置付けである．赤いパターンは，蛇の舌をかたどった飾りであり，錯視には貢献していない．描き方であるが，黒→暗い灰色（ここでは青）→白→明るい灰色（ここでは黄）→黒の方向に動いて見える錯視なので，これを知っていれば，いろいろなバリエーションをつくることができる．

●1　「蛇の回転」画像
円盤がひとりでに回転して見える．注視している円盤はあまり回転して見えない（中心視では錯視が弱い）．

---

[1] 「北岡明佳の錯視のページ」（http://www.ritsumei.ac.jp/akitaoka/）
[2] Fraser, A. and Wilcox, K. J.（1979）: Perception of illusory movement. *Nature*, **281**, 565–566.
[3] Kitaoka, A.（2017）: The Fraser-Wilcox illusion and its extension. A. G. Shapiro and D. Todorović（Eds.）, *The Oxford Compendium of Visual Illusions*, Oxford University Press, pp.500–511.

chapter 4

ムンカー錯視と並置混色の連続性

4.1 並置混色変換によって描かれるムンカー錯視図

ムンカー錯視については第3章，並置混色については第2章で紹介したが，本章では「ムンカー錯視は並置混色の一種である」という仮説について述べる．

単刀直入に図で説明する．図4.1において，左の図は，白い背景にマゼンタ色のハートを描いたものである．この図を，RGB（赤・緑・青）を原色とする加法混色の並置混色のアルゴリズムを用いて，RGBの縞模様に変換すると，中央の図のようになる．すなわち，白い背景は赤と緑と青の縞模様となり，マゼンタ色のハートは，赤と青と黒の縞模様となる．ここで現れる黒の縞は実は緑の領域であり，緑の信号値がゼロということを意味する．マゼンタ色は赤と青の加法混色であるとともに，白から緑を取り除いた色である．ここで，赤と緑の縞領域を統合して2色にすると，背景では赤と緑の加法混色で黄色が得られ，ハートでは赤と黒の加法混色で赤が得られる．つまり，右の図のように，背景は青と黄の縞模様となり，ハートは青と赤の縞模様となる[◆1]．

もう一つ例を出そう．図4.2において，左の図は，黒い背景に赤色のハートを描いたものである．この図を，CMY（シアン・マゼンタ・イエロー[◆2]）を原色とする減法混色の並置混色のアルゴリズムを用いて，CMYの縞模様に変換すると，中央の図のようになる．すなわち，黒い背景はシアンとマゼンタとイエローの縞模様となり，赤色のハートは，マゼンタとイエローと白の縞模様となる．ここで現れる白の縞は実はシアンの領域であり，シアンの信号値がゼ

[◆1] これは，赤いハートが赤紫（マゼンタ色）のように見えるムンカー錯視図にほかならない．

[◆2] 「イエロー」，「黄」，「黄色」は，ここでは同じ色を指す．減法混色の3原色のCMYのYとして用いる時は「イエロー」と呼び，そうでない時は「黄」あるいは日本語の調子から「黄色」と表現している．

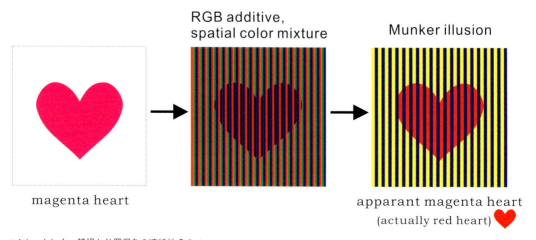

4.1 ムンカー錯視と並置混色の連続性その1

左の図に示す「白背景のマゼンタ色のハート」をRGB加法混色変換すると中央の図が得られ，さらにこの図の赤と緑の縞を統合することで，右の図に示すムンカー錯視図（赤いハートが赤紫がかって見える）が得られる．

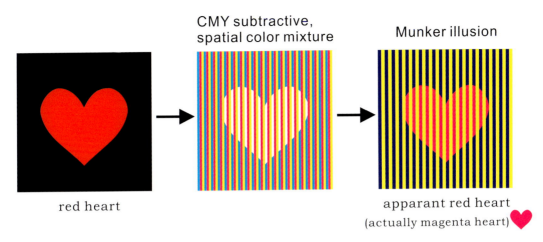

●4.2 ムンカー錯視と並置混色の連続性その2
左の図に示す「黒背景の赤色のハート」をCMY加法混色変換すると中央の図が得られ、さらにこの図のシアンとマゼンタの縞を統合することで、右の図に示すムンカー錯視図（マゼンタのハートが赤く見える）が得られる．

ロということを意味する◆3．ここで，マゼンタとシアンの縞模様を統合して2色にすると，背景ではマゼンタとシアンの減法混色で青が得られ，ハートではマゼンタと白の減法混色でイエローが得られる．つまり，右のブロックのように，背景は青とイエローの縞模様となり，ハートはマゼンタとイエローの縞模様となる◆4．

これらの関係をまとめて図示したものが，●4.3と●4.4である．●4.3は，加法混色の並置混色によるムンカー錯視図の導出を示したものであり，●4.4は，減法混色の並置混色による導出を示したものである．

●4.3を見ると，白い背景のシアン色のハート（上段）は，緑のハートのムンカー錯視図，あるいは青のハートのムンカー錯視図に変換できることがわかる．この場合，背景の白は，前者は青と黄，後者は緑とマゼンタとなる．ハートの部分は，前者も後者も緑と青である◆5．

さらに，●4.3において，白い背景のマゼンタ色のハート（中段）は，赤のハートのムンカー錯視図（●4.1と同じ）あるいは青のハートのムンカー錯視図に変換できる．この場合，背景の白は，前者は青と黄，後者は赤とシアンとなる．ハートの部分は，前者も後者も赤と青である．また，白い背景の黄色のハート（下段）は，緑のハートのムンカー錯視図あるいは赤のハートのムンカー錯視図に変換できる．この場合，背景の白は，前者は赤とシアン，後者は緑とマゼンタとなる．ハートの部分は，前者も後者も赤と緑である．

●4.4では，黒い背景の赤のハート（上段）は，黄色のハートのムンカー錯視図（●4.2と同じ），あるいはマゼンタ色のハートのムンカー錯視図に変換できることを示す．この場合，背景の黒は，前者は緑とマゼンタ，後者は青と黄となる．ハートの部分は，前者も後者もマゼンタとイエローである◆6．

さらに，●4.4において，黒い背景の緑のハート（中段）は，黄色のハートのムンカー錯視図あるいはシアン色のハートのムンカー錯視図に変換できる．この場合，背景の黒は，前者は赤とシアン，後者は青と黄となる．ハートの部分は，前者も後者もシアンとイエローである．また，黒い背景の青のハート（下

◆3 直感的にはわかりにくいかもしれないが，減法混色では，原色の信号がゼロということは，それは白を意味する．

◆4 これは，マゼンタ色のハートが赤く見えるムンカー錯視図である．

◆5 要するに，ハートの縞模様は同一なので，これを「緑のハート」と呼ぶか「青のハート」と呼ぶかは，パターン知覚あるいは図地分離の問題であることがわかる．

◆6 要するに，ハートの縞模様は同一なので，これを「黄色のハート」と呼ぶか「マゼンタ色のハート」と呼ぶかは，パターン知覚あるいは図地分離の問題である．

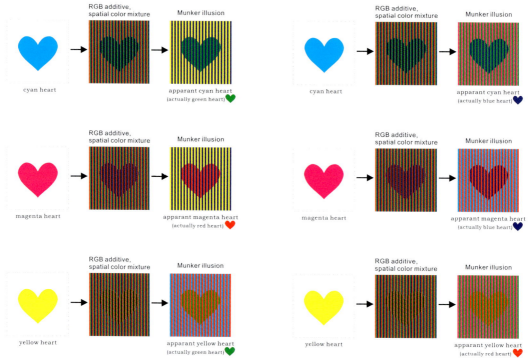

● 4.3 ムンカー錯視と並置混色の連続性：加法混色との対応
白背景にシアン・マゼンタ・イエローのハートの画像は，統合する 2 原色の組み合わせによって，それぞれ 2 種類のムンカー錯視図を得る．たとえば，上段のシアン色のハートの画像は，緑のハートあるいは青のハートのムンカー錯視図に変換できる．

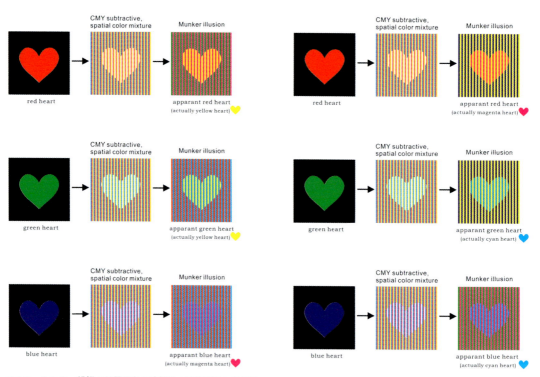

● 4.4 ムンカー錯視と並置混色の連続性：減法混色との対応
黒背景に赤・緑・青のハートの画像は，統合する 2 原色の組み合わせによって，それぞれ 2 種類のムンカー錯視図を得る．たとえば，上段の赤のハートの画像は，黄色のハートあるいはマゼンタ色のハートのムンカー錯視図に変換できる．

段）は，マゼンタ色のハートのムンカー錯視図，あるいはシアン色のハートのムンカー錯視図に変換できる．この場合，背景の黒は，前者は赤とシアン，後者は緑とマゼンタとなる．ハートの部分は，前者も後者もシアンとマゼンタである．

4.2 描けない色を創り出す新しい技法

◯4.3と◯4.4では，任意の色のハートを，2種類の異なる色のハートのムンカー錯視図に変換できることを示した．もし，黒や白といった無彩色も色とみなすのであれば，任意の色のハートは，3種類の異なる色のハートのムンカー錯視図に変換できる．たとえば，白背景のシアン色のハートを，緑，青，黒のハートのムンカー錯視図に変換できる（◯4.5）．同様に，黒背景の緑のハートを，シアン，イエロー，白のハートのムンカー錯視図に変換できる（◯4.6）．もちろん，原色としてほかの色の組み合わせを選べば，さらに異なる色のムンカー錯視図をつくることができる．

これまで述べてきたように，ムンカー錯視は，並置混色の働きを錯視として認識したものと考えることが合理的と思われる[7]が，実は完全に互換というわけではない．任意の画像を並置混色変換できて，さらにムンカー錯視図にすることはできるが，逆変換はすべてできるわけでない．

たとえば，◯4.7は標準的なムンカー錯視図であり，同じ赤色のハートが，左はマゼンタ色に，右はオレンジ色に見える．ところが，この知覚されるオレンジ色は，この図を表示している印刷（この本のカラー印刷）あるいはディスプレーの単色表示すなわちベタ塗りでは得られないのである．その最大の理由は，この色配置（◯4.7右）から「元画像」を得る逆変換は見いだせないことにあ

[7] もちろん，これは強引な考察であり，「ムンカー錯視らしさ」は特定の色の組み合わせ（たとえば◯4.7）において高く，あまりムンカー錯視らしさを感じさせない色の組み合わせもあることは承知しているが，次の課題としたい．

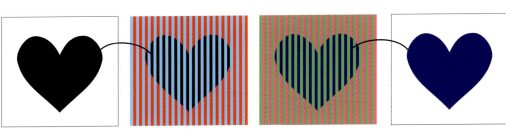

◯4.5　3種類の異なる色のムンカー錯視図への変換その1
白背景のシアン色のハートは，緑，青，黒のハートのムンカー錯視図に変換できる．

●4.6 3種類の異なる色のムンカー錯視図への変換その2
黒背景の緑のハートは，シアン，イエロー，白のハートのムンカー錯視図に変換できる．

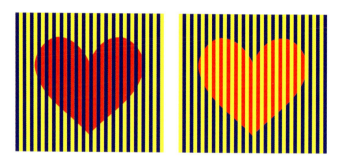

●4.7 標準的なムンカー錯視図
同じ赤のハートが，左はマゼンタ色に，右はオレンジ色に見える．この知覚される鮮やかなオレンジ色は，この図を表示している印刷あるいはディスプレーの単色表示（ベタ塗り）では得られない．

る．この画像が並置混色の変換結果だとするなら，青の領域であるべきところに赤が描かれていることが矛盾するからである◆8．

◆8 一方，●4.7左は，ムンカー錯視から「元画像」への変換が可能である．赤は黄色の領域に描かれているが，加法混色の並置混色においては，黄色の領域とは赤と緑の混色領域だからである．

　試みに，普通の（単色表示の）オレンジ色のハートを並置混色で作成すると，●4.8のようになる．ハートは白みのマゼンタ（ピンクのような色）となる．これを観察すれば，単色のハートのオレンジ色も，ムンカー錯視図における「オレンジ色」も，その色の鮮やかさは●4.7右のハートより弱いことがわかる．
　逆に言うと●4.7右のオレンジ色は，「単色でつくれる色よりも鮮やか」なのである．「ない色」がムンカー錯視によって知覚されるという一種の色の錯視ともいえる．そのような例のいくつかを●4.9に示す．この知見は，色の素材が限られた状況であっても，より豊かで美しい色彩を表現する技法として応用できるだろう．

4.2 描けない色を創り出す新しい技法　35

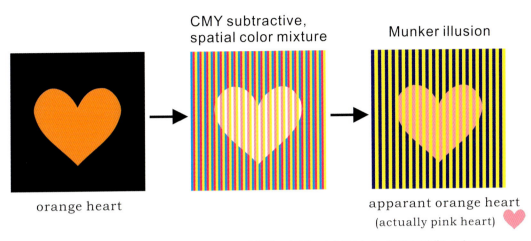

●4.8　黒背景のオレンジ色のハートを CMY 減法混色の並置混色に変換し，さらにムンカー錯視図に変換したもの
このオレンジ色はイエローと白みのマゼンタ色（画像では pink と表示された色）の縞模様で表現される．いずれも，●4.7 右において知覚される鮮やかなオレンジ色ではない．

●4.9　単色のベタ塗りではつくれないと思われる鮮やかな色を生成するムンカー錯視図の例

chapter 5

静脈が青く見える錯視

5.1 最も身近にある色の錯視

　皮下静脈は青く見える．これは錯視である[1]．青く見える静脈を写真に撮って，画素を調べれば確認できるのだが，多くの場合，静脈は彩度の低い，あるいは鮮やかさ・色みの少ない「肌色」（黄色・オレンジ色・赤色の色相）である．すなわち，青くないものが青く見える色の錯視である．
　●5.1 は，静脈の画素の RGB 値を示している．画素が青いというためには，B 値（青）が R 値（赤）および G 値（緑）よりも高いことが必要である．しかし，●5.1 で測定した静脈上の 6 点すべてにおいて，B 値は R 値や G 値よりも

R182, G178, B158　　　R192, G190, B169　　　R183, G167, B153

R183, G182, B162　　　R192, G186, B170　　　R190, G176, B158

●5.1　静脈が青く見える錯視
静脈は青く見えるが，写真を撮って画素を調べると，静脈の画素は青いということはなく，灰色に近い（彩度の低い）肌色（黄から赤の色相）である．

---

[1] 北岡明佳（2014）：色の錯視いろいろ（13）静脈の色の錯視 日本色彩学会誌，**38**（4），323–324.
　　北岡明佳（2014）：色の錯視いろいろ（14）静脈の色の錯視・その 2 日本色彩学会誌，**38**（5），367–368.

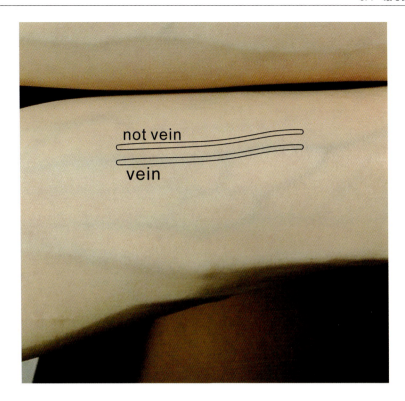

●5.2 静脈と静脈でない部分の色の比較
RGB 値を比較．画素の個数は，それぞれ 1536 個．両条件における RGB 値の平均と標準偏差を表示した．

小さい．すなわち，●5.1 の静脈の画素は青くない．

この錯視は，筆者の発見というわけではない．文献をよく調べると，このことを示唆している先行研究はいくつかあるが [2]，一般にはあまり知られていない◆1．

同じく肌色というなら，静脈部分と静脈でない部分の色はどう違うのか．それらを比較してみたものが，●5.2 である．●5.2 は，測定する静脈部分（vein）の領域と同じ形の領域を静脈でない部分（not vein）において設定し，それらの領域の画素を RGB 値で比較した．静脈でない部分だけでなく，静脈においても，B 値は R 値および G 値よりも小さかった（$B < G < R$）．静脈と静脈でない部分の比較では，静脈の R 値は静脈でない部分より小さく，B 値は大きかった（G 値もわずかに大きかった）．これらの平均の差は，統計学的に有意であった◆2．まとめると，静脈は「肌色」であるが，静脈でない部分に比べて

◆1 色彩の研究者と意見交換をしたところでは，「分光放射輝度計などの測定機器による数値ではなく，写真の RGB 値のような何となく信用しがたいものを証拠として出してくるなんて，思いもよらなかった」ということのようだ．しかし，色の錯視の証拠としてはそれで十分である．

◆2 統計学的検定により，これらは偶然生じた差とはいえないということがわかった．

[2] Findlay, G. H.(1970): Blue skin. *British Journal of Dermatology*, **83**(1), 127–134.

5. 静脈が青く見える錯視

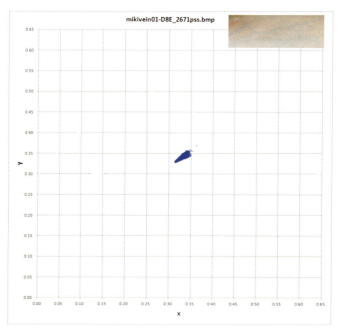

●5.3 静脈を含む肌の画像（右上）の CIE 色度図上の画素の散布図
画素は黄からオレンジ色の色相で，白色点（$x = 0.3127$, $y = 0.3290$）付近に集まっている（彩度が低い）．

RGB 値の差が縮まり，相対的に灰色に近い色（彩度の低い色）であるということになる．

5.2 「肌色」の画素の色の構成

肌の画像を sRGB 換算で CIE 色度図で表示すると，●5.3 のようになる．画素は黄色からオレンジ色の色相にある．特徴的なことは，画素は白色点[3]の近くに分布していて，鮮やかさが少ない（彩度が低い）ことである．静脈の画素は，この中でも相対的に彩度の低い部分（白色点に近い部分）を占める．

この散布図は，「イチゴの色の錯視のつくり方」（第1章）の●1.7 の右のグラフに似ている．そのグラフは，「赤くないのに赤く見えるイチゴ」の画像の分析値なので，画素の分布は赤の反対色のシアン色の色相（白色点より左側）に偏っている．

その点が異なるだけで，筆者は「静脈が青く見える錯視」と「イチゴの色の錯視」は同等の錯視と考えている．つまり，静脈の画像は加算的色変換で生成された画像に相当すると考え，逆変換によって静脈は青く見えると推定する（●5.4）．
●5.3 の右上の画像を逆変換すると，●5.5 の右上の画像が得られる．その画像における静脈は，RGB 空間上でも青い[4]．

[3] sRGB では，$x = 0.3127$, $y = 0.3290$

[4] 逆変換については，第6章「ヒストグラム均等化仮説と色の錯視」で述べる．

5.2 「肌色」の画素の色の構成　39

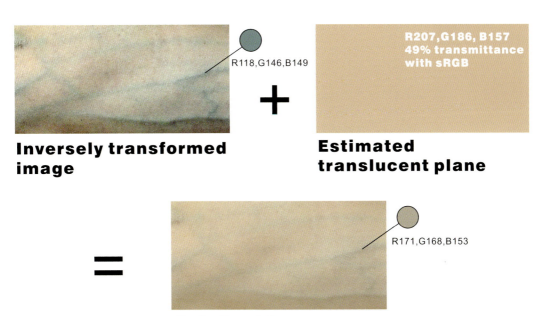

● 5.4　静脈が青く見える錯視を説明する加算的色変換画像仮説
この仮説においては，「静脈の画像（下の画像）は，イチゴの色の錯視と同様の加算的色変換画像である，と視覚系は認識する」と仮定する．そのように考えると，静脈の画像は，左上の画像と右上の半透明画像に，逆変換で分解できる．得られた左上の画像では，静脈に相当する部位は実際に青い．この計算で得られた仮想の「原画像」（左上の画像）を視覚系は知覚像として選択する，という考え方である．

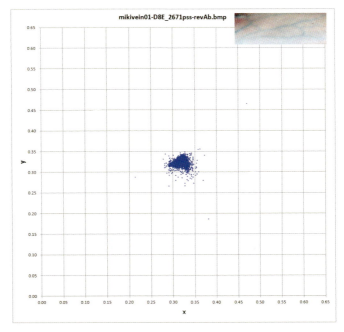

● 5.5　● 5.3 の画像を加算的色変換の逆変換して得られた画像（右上）とその画素の CIE 色度図分布
静脈の部分は青い画素となる（白色点より左下に分布する）．

chapter 6

ヒストグラム均等化仮説と色の錯視

6.1 24ビット・フルカラー画像

　この本を執筆しているのは2017年から2018年にかけてであり，この時代の標準的なフルカラー画像について述べると，画素はRGB（赤・緑・青）を原色とした加法混色系で表現され，それぞれ8ビット，合計24ビットの情報で構成されている（24ビットカラーあるいはtrue colorと呼ぶ）．8ビットは2の8乗の情報をコードできるから，原色1つあたり256階調（256色）を表現できる．というわけで，フルカラー画像は，256の3乗すなわち「1677万色」をパレットとして使えるということになっている．後世の人がこれを聞いたら「それでは階調が少なすぎる」というのか，「今と同じだ」と思うのかはわからないが，とりあえずこの時代の人間の目には十分満足できるレベルの画質をサポートしている．

　フルカラー画像は，原理としては1677万色使えるわけなのだが，「実際にそんなにたくさん使っているのか」あるいは「どこかに無駄があるのではないか」ということを調べていくと，色の錯視のメカニズムの一部が見えてくる．

●6.1　立命館大学大阪いばらきキャンパスから見た風景と，この画像のRGBの階調のヒストグラム
黄緑色の電車の車体が目立つが，画素は，RGBそれぞれについて，度数の多い少ないはあるものの，横軸である信号強度0%から100%まで（階調値としては0から255まで）まんべんなく分布している．

6.2 自然な画像と色の錯視画像

●6.1 は，風景写真の一例である．一見して黄緑色の電車の車体が目を引き，この画像は黄緑色の色相の画素が多く使われていることがわかる．しかし，ここで分析したいことは「24 ビット・1677 万色を無駄なく活用しているのか」ということであるから，この画像の色の階調のヒストグラムを見ることにする．●6.1 の右下に，RGB それぞれの階調を横軸としたヒストグラムが表示されている．これによれば，度数の多い少ないはあるものの，すべての階調が使われていることがわかる．ということは，1677 万色すべて揃っているかどうかはわからないが，24 ビットは無駄なく使われている．

●6.1 の画像に，紫色の一様な面を重ね，加算的色変換したものが，●6.2 である．電車は黄緑色に見えるが，画素は紫の色相である．つまり，イチゴの色の錯視と同様，加算的色変換による色の錯視である．もちろん，色の恒常性（照明の色やフィルターの色みを補正して，対象の「本当の色」がわかるメカニズムの働き）の表れという認識の仕方をしてもよい．

●6.2 の RGB の階調のヒストグラムを見れば，●6.1 との違いは一目瞭然である．R（レッド）と B（ブルー）においては，下の方の階調は使われていないことがわかる．一方，G（グリーン）においては，上の方の階調が使われていない．●6.2 は，●6.1 の画像（原画像）に 60% の重みを与え，紫色（ここでは R: 200, G: 0, B: 255）の一様画像に 40% の重みを与え，加重平均（アルファブレンディング）して作成されたものである．ただし，変換にあたっては階調の数値をそのまま使用するのではなく，sRGB 変換（輝度に換算しての

●6.2 ●6.1 の画像を紫色の一様な面と加算的色変換（アルファブレンディング）して得られた錯視画像，および，その RGB の階調のヒストグラム
電車の車体は黄緑色に見えるが，画素は紫色の色相である．

●6.3 イチゴの色の錯視の原画像と，その RGB の階調のヒストグラム
画素は，RGB それぞれについて，度数の多い少ないはあるものの，横軸である信号強度 0%から 100%まで（階調値としては 0 から 255 まで）まんべんなく分布している．

線型変換，●6.3 参照）した数値を使用した．

この場合，生成される画像の画素のうち B 値は，必ず 40%以上となる．100%の B 値（B = 255）で構成される紫色を 40%加算するからである．R 値も同様である．一方，G 値は紫色の画像からの寄与はない（G = 0 だから）ので，最大でも原画像の 60%分に縮小される（原画像の重みは 60%だから）．R 値にもわずかに最大値の縮小があるが，これは紫の R 値が 100%ではない（R = 200）からである．ちなみに，sRGB での 40%は RGB の階調値は 170，60%は 203 であるから，ヒストグラムの数値と合っている．

自然な画像の多くは，●6.1 のヒストグラムのように，RGB それぞれのすべての階調が使われている．ここで，●6.2 のように，「使われている階調の範囲が限定されている場合は，それは自然な画像ではないとみなして，自然な分布の画像になるよう変換したものを，視覚系は知覚像とする」という可能性が考えられる．この考え方を，ヒストグラム均等化（histogram equalization）仮説と呼ぶ[1]．●6.2 を ●6.1 に戻す逆変換のアルゴリズムをパソコン上でつくることは容易であり，人間の視覚系にも同等の機能が備わっていると考えれば，

---

[1] Shapiro, A., Hedjar, L., Dixon, E., and Kitaoka, A. (2018): Kitaoka's tomato: Two simple explanations based on information in the stimulus. *i-Perception*, **9** (1), January-February, 1–9.

●6.4　●6.3 の画像をシアン色の一様な面と加算的色変換して得られた錯視画像と，その RGB の階調のヒストグラム
アルファ値は 50%．sRGB（輝度換算）で変換．この場合，元が赤（R:255, G:0, B:0）の画素は，灰色（R:188, G188, B188）に変換される．

加算的色変換による色の錯視を説明することができる．

6.3　ヒストグラム均等化仮説による説明

　イチゴの色の錯視については，原画が●6.3 で，加算的色変換によって色の錯視となっているのが●6.4 である．●6.4 を見るとわかる通り，R の階調値が G と B の階調値を超えることはないので，赤い画素は存在しない．どんな画像に対しても，シアン色（G と B の混色）を 50%以上の重みで加算的色変換をすれば，R 値は 50%以下になり，G 値と B 値は 50%以上になるのだから，赤い画素は存在しないことが保証されるのである．

　●6.5 は，肌の画像とそのヒストグラムである．特徴的な分布を示している．RGB それぞれにおいて，特定の狭い範囲の階調が使われている．静脈の錯視について述べたところ（第 5 章）では，「静脈は青くないのに青く見える」ということに注目したのであるが，この画像をヒストグラム均等化（加算的色変換の逆変換）すると，●6.6 が得られる．●6.6 では，静脈は画素としても青い．視覚系はこの青を知覚するようできていると考えることができる．

　標準的な透明変換である乗算的色変換の場合は，たとえば●6.3 をシアン色 50%で変換すると，●6.7 になる．シアン色 50%の乗算的色変換とは，原画像

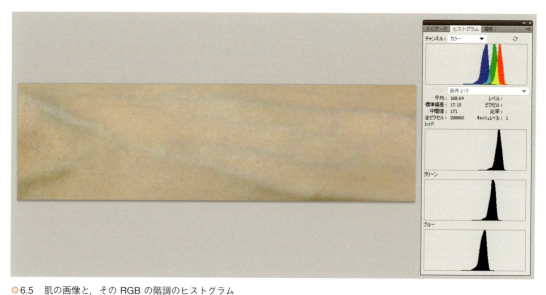

●6.5 　肌の画像と，その RGB の階調のヒストグラム
特定の狭い範囲の階調した使われないという特徴的な分布が認められる．急峻なピークのある分布で，ピークの位置および範囲は $B < G < R$ である．

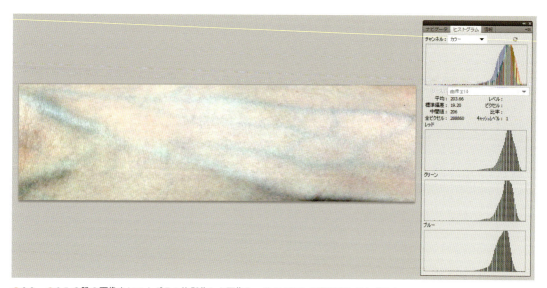

●6.6 　●6.5 の肌の画像をヒストグラム均衡化した画像と，その RGB の階調のヒストグラム
静脈は画素としても青くなる．この図ではわかりにくいが，分布としては，RGB それぞれの階調値 0%から 100%まで拡がるとともに，ピークと範囲が重なるようになる．

の赤の信号を 50%にするという意味なので，R は 50%（●6.7 は sRGB 変換によるものなので，階調値は 188）を超える画素はない，ということになる．とはいえ，イチゴの赤い部分の G 値と B 値はもともと大きくないので，イチゴは色相としては赤いまま，知覚における質的な転換が起こらないから，通常はこの種の図は色の錯視図とは呼んでもらえない．あえていえば，「お皿はシアン色（R:188, G:255, B:255）なのだが，白く見える」といったところに注目するなど工夫をこらせば，これを色の錯視図であると言い張ることもできるかもしれない．

　●6.3 を，赤 20%でシアン色に二色法で変換 (第 7 章参照) すると，●6.8 の

●6.7 ●6.3 の画像をシアン色の一様な面を用いて乗算的色変換して得られた画像と，その RGB の階調のヒストグラム

アルファ値は 50%．sRGB（輝度換算）で変換．元が赤（R:255, G:0, B:0）の画素は，暗い赤（R:188, G0, B0）に変換される．

●6.8 ●6.3 の画像をシアン色に二色法変換した画像と，その RGB の階調のヒストグラム

R は 20%の配合．sRGB（輝度換算）で変換．元が赤（R:255, G:0, B:0）の画素は，灰色（R:124, G124, B124）に変換される．

ようになる．原画像のRの信号は20%以下（図はsRGB変換なので，階調値124以下）になる．二色法なので，GとBの分布は同じになる．●6.7の乗算的色変換の分布に似ているが，アルゴリズムの構造上，Rの値はGとBの値を超えることはないから，「すべての画素はシアン色の色相あるいは灰色でできているが，イチゴは赤く見える」錯視図である．

6.4 「肌色化」アルゴリズム

　ヒストグラム均衡化仮説によれば，画像のRGBのそれぞれの階調のヒストグラムにおいて，使われていない階調が上方あるいは下方にまとまってある場合，階調値が0%から100%まで分布するように引き伸ばされたものが知覚されると考える．ということは，どんな画像でも，ヒストグラムを操作すれば，色の錯視画像をつくることができることになる．

　●6.9は，●6.1とは異なる型の青い車体の電車の写真である．●6.10は，そのヒストグラムを操作し，階調値が必ず$B < G < R$となるように，分布の範囲を限定する操作をしたものである．●6.10のヒストグラムは，●6.5のような肌の画像のヒストグラムに類似するようにつくったものである．これを「肌色化」と呼ぶことにしよう．肌色化された画像においては，静脈の錯視と同じことが起こり，青いものは画素は青くないのに青く見える．すなわち，●6.10では，電車は青く見えるが，画素は青くない．

　「肌色化」は，どんな色でも実現できる．画像を「肌色」ではない色に変換することを「肌色化」と呼ぶのは変なので，より一般的な用語として，「ヒストグラム圧縮」という用語を提唱する．たとえば，●6.11は●6.3のイチゴの画像をヒストグラム圧縮して作成した錯視図である．イチゴは赤く見えるが画素は赤くないことは，ヒストグラムからもわかる．●6.12は，青いイチゴの画像を作っておいてから，それをヒストグラム圧縮して作成した「画素は黄色なのに青いイチゴが見える」錯視図である．

●6.9　●6.1 とは異なる型の青い電車の画像と，その RGB の階調のヒストグラム

●6.10　●6.9 の画像を「肌色化」した錯視画像
車体は青く見えるが，画素は黄色からオレンジ色の色相である．

48   6. ヒストグラム均等化仮説と色の錯視

●6.11　●6.3 の画像を「ヒストグラム圧縮」して生成した錯視画像
イチゴは赤く見えるが，画素はシアン色の色相である．

●6.12　●6.3 の画像を青いイチゴに変換し，さらに「ヒストグラム圧縮」して生成した錯視画像
イチゴは青く見えるが，画素は黄色の色相である．

 錯視の個人差

　錯視には個人差がある．錯視の強さが異なるといった量的な個人差だけではなく，「はっきり見える」「全く見えない」といった質的な個人差もある．最近明らかになった色の錯視の個人差を見てみよう．二色法（第 7 章）による色の錯視である．

　●1 は，JR 京都駅で撮影した JR 奈良線の 205 系という水色の帯を全面と側面にまとった電車の写真を，赤色一色で表現する二色法の画像に変換したものである．●1 のすべての画素は赤色か灰色であるが，帯は水色に見える，という色の錯視である．ところが，ツイッターの投票機能を用いて，フォロワーの皆さんに聞いてみたところ，そのように見える人は 42％，そのように見えない人，すなわち帯が灰色に見える人は 58％で，色の錯視が起きない人の方がやや多いという結果となった．

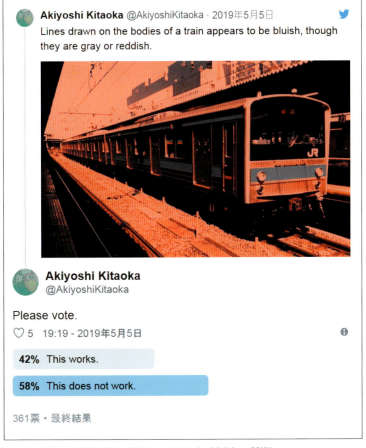

●1　二色法による色の錯視（赤色からシアン色（水色）の誘導）
電車の帯は，画素としては灰色あるいは灰色に近い赤色であるが，水色に見えることが想定されている錯視図形である．　しかし，帯が水色に見える人よりも，灰色に見える人の割合が多かった．

●2 二色法による色の錯視（シアン色から赤色の誘導）

電車の帯は，画素としては灰色あるいは灰色に近いシアン色であるが，赤く（あるいはピンクに）見えることが想定されている錯視図形である．調査によれば，帯が赤く見える人が過半数を占めたが，灰色に見える人も半数近くいた．

●3 二色法による色の錯視（青色から黄色の誘導）

電車の帯は，画素としては灰色あるいは灰色に近い青であるが，黄色く見えることが想定されている錯視図形である．帯が黄色く見える人の割合は約4分の3であったが，4分の1の人は灰色に見えていたので，誰でも想定通りに錯視が見えるわけではない．

●4 二色法による色の錯視（黄色から青色の誘導）
電車の帯は，画素としては灰色あるいは灰色に近い黄であるが，青く見えることが想定されている錯視図形である．帯が青く見える人は2割しかおらず，8割の人は灰色に見えていた．なお，筆者の観察では，帯は青く（正確には淡い青紫色に）見える．

●5 二色法による色の錯視（マゼンタ色から緑色の誘導）
電車の帯は，画素としては灰色あるいは灰色に近いマゼンタであるが，緑色に見えることになっている錯視図形である．帯が緑色に見える人は4割で，6割の人は灰色に見えていた．

他の色相ではどうなっているかを調べるため，電車の帯を画像処理で赤色に変え，反対色のシアン色の二色法画像を作成した．その結果である◯2 では，帯が赤く見える人の割合が多かったが，錯視が起こる人・起きない人が半々であることには変わりがなかった．他の色相では（黄，青，緑，マゼンタの帯とそれぞれの反対色の組み合わせの二色法を試した），黄色の帯の画像に青の二色法を適用した画像では，錯視が見える（画素としては灰色の帯が黄色く見える）人の割合は，◯1 や◯2 よりも多く，76％であった（◯3）．その反対に，青の帯の画像に黄色の二色法を適用した画像では，錯視が見える（画素としては灰色の帯が青く見える）人の割合は，◯1 や◯2 よりも少なく，20％であった（◯4）．緑の帯の画像にマゼンタ色の二色法を適用した画像◯5 とその逆では◯6，錯視が見える人は 4 割程度，見えない人は 6 割程度であった．ちなみに，筆者はすべての画像において想定される通りの色が見え，帯が灰色に見えるという知覚を体験することはできない．

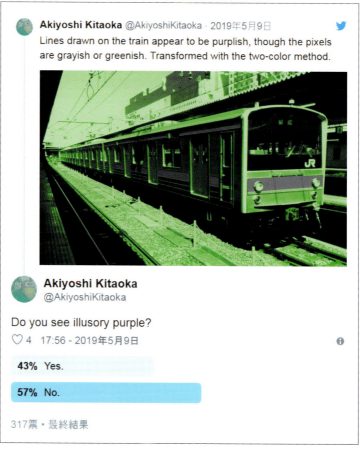

◯6　二色法による色の錯視（緑色からマゼンタ色の誘導）
電車の帯は，画素としては灰色あるいは灰色に近い緑色であるが，マゼンタ色（赤紫色）に見えることが想定されている錯視図形である．帯が赤紫色に見える人は 4 割強で，過半数は灰色に見えていた．

この人口を二分する質的な個人差は，色覚異常では説明できない．イチゴの色の錯視の研究（第9）から，加算的色変換ならば，大多数の人は想定通りの色の錯視が見えると思われる（●7）．一体何が違うのか，今後の研究で明らかにしたい．

●7　加算的色変換による色の錯視
左上の電車の帯は水色（シアン色），右上は赤，左中段は黄，右中段は青，左下は緑，右下は赤紫色（マゼンタ色）に見えることが想定されている錯視図形．どの画像においても，帯の画素は灰色かほぼ灰色である．

chapter 7

二色法による色の錯視

7.1 色の錯視としての二色法

　筆者の専門（視知覚の研究）の分野においては，ランドの二色法（two color projection）という手法が知られている．色再現において，「原色は3つなくても2つで足りる」ことを示すデモとされる[1], [2]．プロジェクタを使い，長波長光（赤）の信号はそのまま投射し，短波長光（緑）の信号を白色として投射すると，映像はすべて赤の色相になりそうであるが，緑や青や黄が見えるというものである．筆者は実物を見たことがないのだが，見たことがあるという人に話を伺ったところ，「結構リアルにフルカラーに見えた」という．

　ランドのオリジナルはプロジェクタを使った道具立てであったが，これをパソコンで見られるデモにすることができる．そのやり方は，私の知る限りでは，東北大学電気通信研究所の栗木氏が最初に示した[3]．本章では，栗木方式の二色法による色の錯視を紹介する．

　まずはつくり方である．PCなどで見ることのできる24ビットフルカラー画像（たとえば，●7.1A）は，各画素についてRGBそれぞれ8ビット（256階調）の情報で表現されている．まず，Rの信号はそのまま用いて，GとBの値を常にゼロにした画像をつくる（●7.1B）．次に，各画素のGとBの信号の強さを平均した値をGとBの階調とし，Rの値は常にゼロにした画像をつくる（●7.1C）．その画像において，各画素のRの値を，GおよびBと等しくした画像，すなわち無彩色の画像をつくる（●7.1D）．●7.1Bと●7.1Dを加重平均（アルファブレンディング，加算的色変換）することで，色の錯視図である●7.1Eが得られる．●7.1Eの路面電車の車体は青く見えるが，それは色の錯視で，この画像の画素はすべて赤の色相である．一色しか使っていないという意味では，「一色法」である[3]．

---

[1] Edwin H. Land, E. H. (1959) : Color vision and the natural image Part II. *Proceedings of the National Academy of Sciences of the United States of America*, **45**（4），636–644.

[2] 高柳健次郎（1960）：二色法によるカラー再現法．テレビジョン，**14** (3), 111–116, 137 (11–16, 37)．

[3] http://www.vision.riec.tohoku.ac.jp/ikuriki/Land_two_color/Land_two_color-j.html

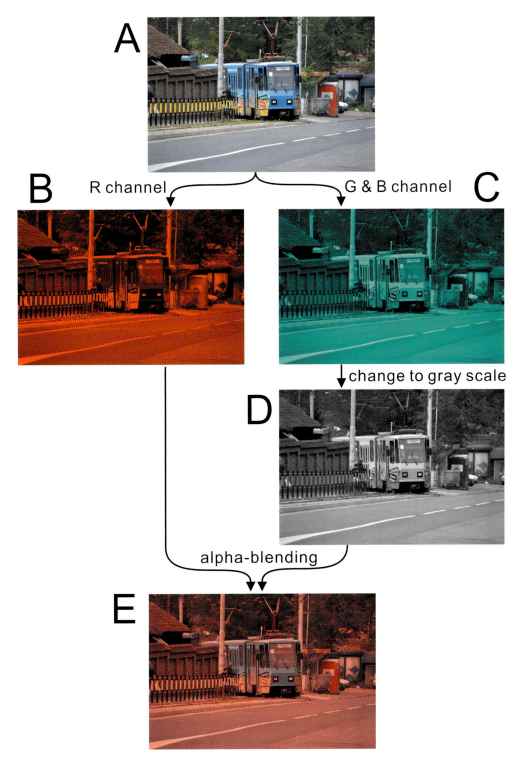

●7.1 ランドの二色法を画像処理でつくる方法（栗木法を一部改変）
元の画像（A）の RGB のうち，残す色を決める．ここでは R とする．R の信号だけの画像をつくる（B）．G と B の平均の値をそれぞれ G と B の階調値として，G と B だけの信号の画像をつくる（C）．その画像の各画素の R にも同じ値を入れ，グレースケール画像をつくる（D）．B の画像と D の画像を加重平均して，合成画像をつくる（E）．これによって，画素はすべて赤の色相となる（一部の画素が灰色になる場合がある）が，この画像においては路面電車は青く見える．電車は，セルビアの首都ベオグラードの市電（2014 年撮影）．

7.2 二色法における加算的色変換

　二色法画像は，2つの画像（●7.1ではBとD）をアルファブレンディング（加重平均）して作成するので，アルファ値（重み）によって，仕上がり具合が異なる．色画像（●7.1ではB）の重みをαとすると，$\alpha = 100\%$はその色画像を意味し，$\alpha = 0\%$はグレースケールの画像（●7.1ではD）を意味することになり，αがそれらの間の値を取る時に，二色法画像となる（●7.2）．

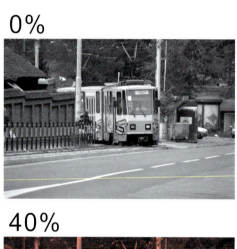

●7.2　●7.1のBとDを加重平均（アルファブレンディング）して二色法画像を完成させたもの
パラメーターであるアルファ値を0%から100%まで20%刻み（階調値で計算）で，生成画像を表示．アルファ値が0%の場合はグレースケール画像（●7.1Dと同じ），アルファ値が100%の場合は色の画像（●7.1Bと同じ）とする．それらの中間（20%，40%，60%，80%）が，二色法による色の画像となる．路面電車は青く見えるが，画素は赤い．

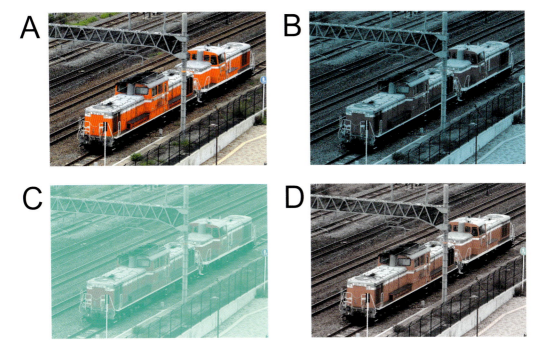

● 7.3　赤い車体の機関車の写真（A）を二色法変換して得られた画像（B）と加算的色変換で得られた画像（C）ともに，画素に赤みはないが，車体は赤く見える．二色法画像であるBは，鮮やかさの少ないDを乗算的色変換して得られた画像に相当する．立命館大学大阪いばらきキャンパスより，JR京都線を撮影（2018年）．

　● 7.3は，赤い車体の機関車の写真画像（A）を，二色法にした画像（B）である．Bにおいては，画素に赤みはないのであるが，車体は赤か茶色に見える．

　一方，Aをシアン色で加算的色変換すると，Cが得られる．第1章「イチゴの色の錯視のつくり方」で示したイチゴの錯視画像と同様，比較的きれいな赤が知覚される．それに比べて，Bは知覚される赤みの鮮やかさが少ないように見える．これは，Bは，Dのような赤の鮮やかさの少ない画像をシアン色で乗算的色変換[◆1]して得られた画像に相当するからであると，筆者は考えている．つまり，Bにおいては，Dのような比較的鮮やかさの少ない赤色が，色の恒常性によって知覚されていると考えることができる．

　まとめとしては，画像処理による二色法は，色の錯視のデモの一種である．しかし，二色法について伝え聞くような豊かな色が見えるわけではなく，せいぜい画像を支配する色相の反対色が見える程度であり，オリジナルとは何かが異なるのかもしれない．

[◆1] 加算的色変換，乗算的色変換の違いについては，第1章「イチゴの色の錯視のつくり方」を参照されたい．また，二色法画像を含めて，RGBの各階調のヒストグラムにも特徴的な違いがある．この点は，第6章「ヒストグラム均等化仮説と色の錯視」を参照されたい．

chapter 8

色の補完現象と並置混色

8.1　色の補完現象「ネオン色拡散」

　色や明るさの補完の諸現象（視覚的補完の一種）は，一種の錯視である．視覚的補完とは，刺激のないところに何かがあるように補われて見える現象である．たとえば，●8.1は，その代表例の一つ，ネオン色拡散（neon color spreading）である[1][2]．ネオン色拡散とは，十字を頂点とするようなダイヤモンド状の形の中に，あるいは十字を直径とする円形の中に，十字の色が進出して（にじんで）見える現象である．視覚的補完には他にもいろいろ種類があっておもしろいのであるが，ここではネオン色拡散のみを取り上げて，本章でしばしば話題にしている並置混色との関係を検討したい．

　●8.2は，黒地あるい白地に白線あるいは黒線を描き，その一部を赤の線分に変換したものである．色線分の頂点を結ぶとハート形になるということ以外は，構造としては●8.1と同じである．●8.1と同様，背景の黒地あるいは白地にはハートは描かれていないが，赤いハートが描かれているように見える．

　この図を少し変えて，●8.3のようにすると，左は白いハート，右は黒いハートが描かれているように見える．ハートの輪郭はつながっていないのであるから，これも視覚的補完現象である．ここで，左のハートは白く見えるが，平均

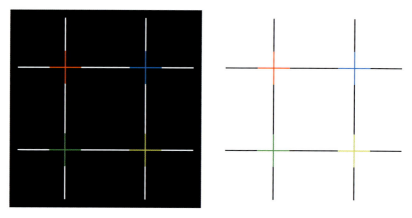

●8.1　ネオン色拡散の例その1
色の十字を囲むようなダイヤモンド状の形あるいは円形の中に，十字の色が進出して見える．

---

[1]　Varin, D. (1971): Fenomeni di contrasto e diffusione cromatica nell' organizzazione spaziale del campo percettivo. *Rivista di Psicologia*, **65**, 101–128.

[2]　Van Tuijl, H. F. J. M. (1975): A new visual illusion: Neonlike color spreading and complementary color induction between subjective contours. *Acta Psychologica*, **39**, 441–445.

8.1 色の補完現象「ネオン色拡散」　59

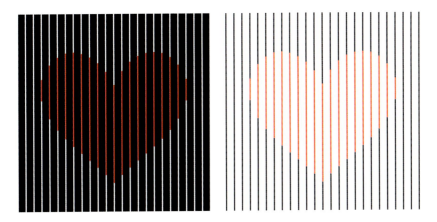

● 8.2　ネオン色拡散の例その2
赤いハートが知覚されるが，背景部分にはハートの輪郭と色は描かれていないので，つながって見えるのは視覚的補完現象である．

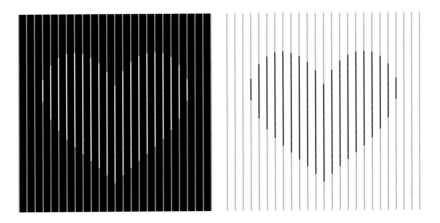

● 8.3　ネオン明るさ拡散の例
左は白いハート，右は黒いハートが知覚される
背景部分にはハートの輪郭とその明るさは表現されていないので，つながって見えるのは視覚的補完現象である．

輝度としては背景の黒部分が多いから物理的には暗く，一方で右のハートは黒く見えるが，平均輝度としては背景の白部分が多いから物理的には明るい．この点に注目すれば，● 8.3 は明るさの錯視でもある．

● 8.3 を変形し，線の幅を太くして，線と隣の線の間の背景の幅と等しくしたものが，● 8.4 である．このようにすると，左右のハートの平均輝度は等しくなるが，左のハートは白く見え，右のハートは黒く見える．この錯視は，第2章「並置混色と錯視」の ● 2.8〜2.10 に示した錯視に類似している．第2章の用語でいえば，左が加法混色系，右が減法混色系ということになる．● 8.4 は色の錯視の話ではないので，一見話が通らないように見えるが，実は加法混色系・減法混色系は必ずしも色を前提とした系ではない（第9章「ホワイト効果と並置混色」を参照）．

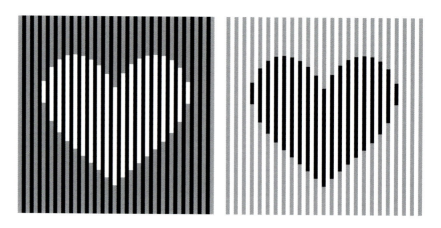

●8.4 図地分離の例とも解釈できる図形
左は白いハート，右は黒いハートが知覚される．しかし，ハートを構成する白と黒の縞模様の幅は同じであり，2つのハートの平均輝度は同じである．

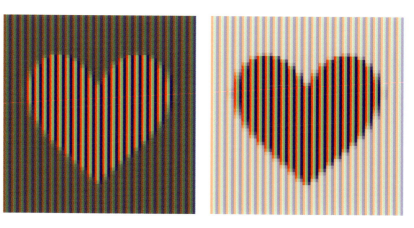

●8.5 加法混色の並置混色/減法混色の並置混色
左は白いハート，右は黒いハートが知覚される．しかし，ハートを構成するRGBの縞模様は，色も幅も同一であり，2つのハートの平均輝度は同じである．

8.2 ネオン色拡散と並置混色の連続性

●8.4のような絵をRGB加法混色の並置混色およびRGB減法混色の並置混色で作成したものが，●8.5である．●8.5では，ハートはどちらも同一のRGBの縞模様であるが，左は白く，右は黒く見える．これだけ類似していれば，●8.4と●8.5を同じ錯視と推定することに無理はあるまい．一方，●8.4のやり方で，第2章「並置混色と錯視」の●2.8・●2.9に相当する絵を作成すると，●8.6となる．左右の人物の髪と服は同じ白黒縞で描かれているが，左は白く見え，右は黒く見える．

第4章「ムンカー錯視と並置混色の連続性」で明らかにしたように，並置混色はムンカー錯視とがある．ということは，ネオン色拡散はムンカー錯視と連続性がある可能性がある．この可能性を検討するため，まず，●8.2左の白線を黄色の線に置き換え，背景を青とし，●8.2右の黒線を青線に置き換え，背景を黄色とする（●8.7A）．このようにすると，左のハートはマゼンタ色に見

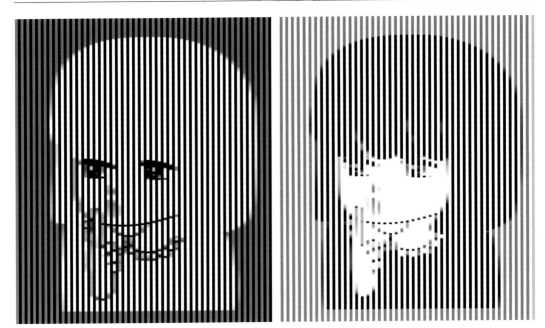

●8.6　グレースケールの加法混色の並置混色/減法混色の並置混色
左の人物の髪と服は白く見え，右では黒く見えるが，どちらも同じ幅の白と黒の縞模様でできており両者の平均輝度は同じである．

え（赤紫がかって見え），右のハートはオレンジ色に見える．●8.7Aは，ネオン色拡散の図と考えてよいだろう．

　ここで，●8.7Aの細い線を太くして，線と隣の線の間の背景部分の幅と等しくしたものが，●8.7Cである（●8.7Bはその途中）．このようにすると，さらにはっきりと左のハートはマゼンタ色に見え，右のハートはオレンジ色に見える．これはムンカー錯視であるから，ネオン色拡散との連続性が示された．線をさらに太くすると，錯視の強さは減少するが，それでも左のハートはマゼンタ色に見え，右のハートはオレンジ色に見える（●8.7Dと●8.7E）．「色の同化」のデモ図という感じである．

　このように見ていくと，ネオン色拡散，ムンカー錯視，並置混色の間には，現象的には連続性があることがわかる．もちろん，現象的に連続だからといって，同じメカニズムに裏打ちされているとは限らないが，色の錯視は，歴史的には「色の同化」と「色の対比」のどちらかに分類されてきた．色の錯視を誘導する領域と同じ色相の色がターゲットに誘導された場合は「色の同化」と呼び，反対の色相の色がターゲットに誘導された場合は「色の対比」と呼ぶのだから，必ずどちらかに分類できることになる．一方，「ムンカー錯視は色の同化と対比の両方の作用が働いている」といった具合にこれらの用語を用いる場合は，現象の記述の用語というよりは，仮説的なメカニズムを指し示す用語として用いている．知覚の研究は分析的な科学の一つなので，現象を下支えするメカニズムを明らかにできることが望ましい．筆者の考えとしては，いろいろな色の錯視は，我々の視覚系が並置混色を読み解く場面で生起する副産物として，統一的に理解できるのではないかということである．

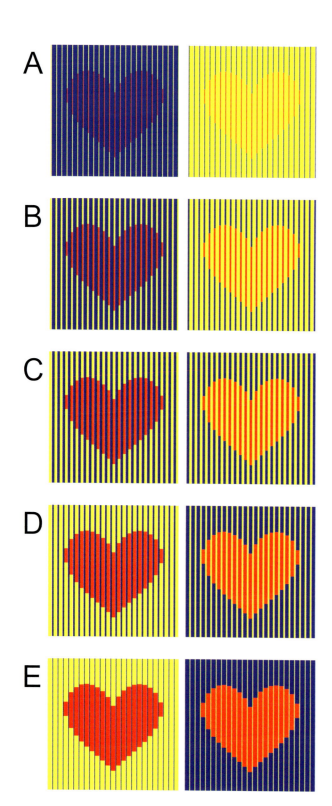

●8.7 ネオン色拡散，ムンカー錯視，色の同化

同じ赤色が用いられているが，左のハートはマゼンタ色（明るい赤紫色）がかって見え，右のハートはオレンジ色がかって見える．Aの左の図は，背景は青色で，黄色の細線と赤の細線でできている．Aの右の図は，背景は黄色で，青色の細線と赤の細線でできている．これらの「細線」を段階的に太くしていった図が，B〜Eである．Cでは，「細線」と背景の間隔が等しくなっており，ムンカー錯視の図である．Aはネオン色拡散の図であり，Eはいわゆる「色の同化」の図である．BとDは，それらとムンカー錯視の中間の図である．

渦巻き錯視

　傾き錯視というものがある．たとえば，水平に描かれた配列が，傾いて見えるという錯視である．●1は，ポップル錯視（フェーズシフト錯視）という傾き錯視である[1]．4列は水平に，互いに平行に描かれているが，上から左・右・左・右に傾いて見える．

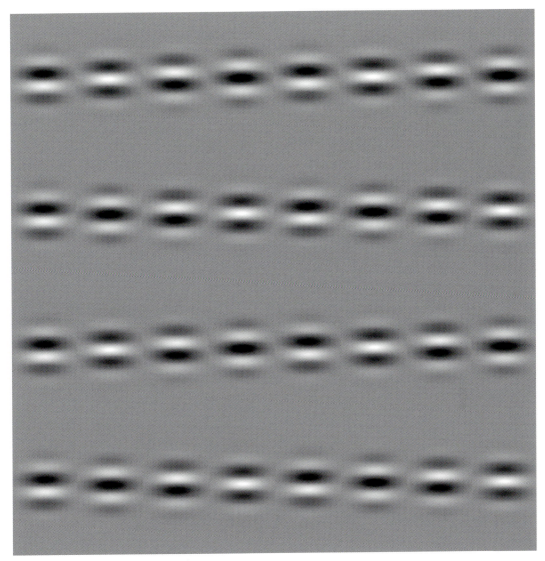

● 1　ポップル錯視（フェーズシフト錯視）
各パターンは水平に配列されているが，上から左・右・左・右に傾いて見える．

---

[1] Popple, A. V. and Levi, D. M. (2000): A new illusion demonstrates long-range processing. *Vision Research*, **40**, 2545–2549; Popple, A. V. and Sagi, D. (2000): A Fraser illusion without local cues? *Vision Research*, **40**, 873–878.

これを同心円状に描けば●2のようになり，錯視の強い人であればリング同士が絡み合った錯視のように見える．

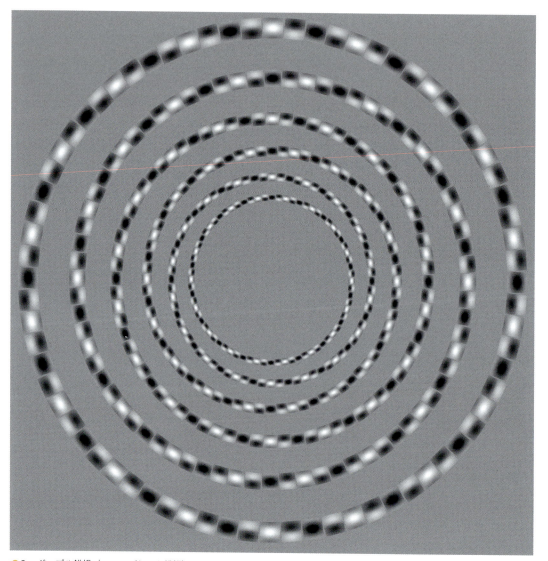

●2　ポップル錯視（フェーズシフト錯視）のパターンを同心円状に配置した図
リング同士が絡み合っているように見える．このような見え方をする錯視には，特に決まった名称はない．「もつれ錯視」あるいは「からみ錯視」でどうだろう．英語では 'entanglement illusion' であろうか．おしゃれに「薔薇錯視」（rose illusion）というのもありかもしれないが，それだと作品名という感じである．なお，渦巻き錯視を初めて示した Fraser（1908）の論文 2 には既にデモが示されている古典的な錯視である．

ここでパターンの変化の方向を揃えれば，●3のような渦巻き錯視が得られる．渦巻き錯視とは，同心円が渦巻きに見える錯視のことである[2]．すべての傾き錯視は渦巻き錯視で表現することができることが知られている[3]．

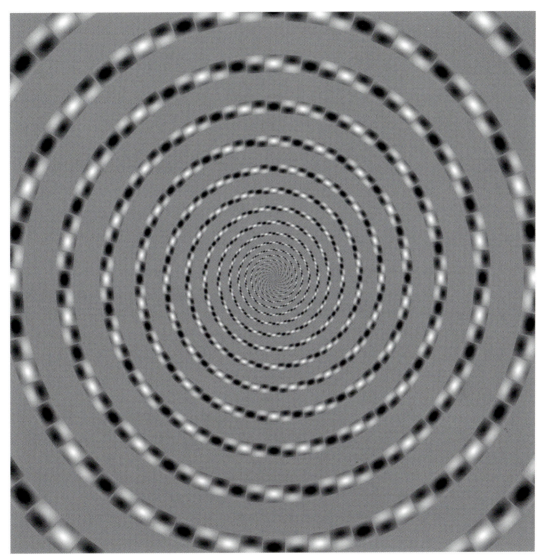

●3　ポップル錯視の渦巻き錯視
パターンは同心円状に配列されているが，全体としては，右に回転して中央に向かう渦巻きのように見える．渦巻き錯視は，Fraser (1908)[2] によって導入されたので，フレーザー錯視と呼ばれることもある．

---

[2] 渦巻き錯視は，Fraser (1908) によって導入された．
Fraser, J. (1908): A new visual illusion of direction. *British Journal of Psychology*, **2**, 307–320.

[3] Kitaoka, A., Pinna, B., and Brelstaff, G. (2001): New variations of spiral illusions. *Perception*, **30**, 637–646.

chapter 9

ホワイト効果と並置混色

9.1 強力な明るさの錯視「ホワイト効果」

ホワイト効果（White's effect）という明るさの錯視がある[1]．●9.1 に，その例を示す．●9.1 の左と右の図は，白と黒の縞模様の一部を同じ輝度の灰色の縞模様で置き換えたものであるが，左の灰色の縞模様は暗く見え，右の灰色の縞模様は明るく見える．

ホワイト効果は，色の錯視であるムンカー錯視（第 3 章「ムンカー錯視とその仲間たち」の●3.1）の明るさ（明度）バージョンに相当する．色は，色相，彩度，明度の 3 属性からなるのであるから，ホワイト効果はムンカー錯視に包摂される（ホワイト効果はムンカー錯視の一種である）ともいえる．

ホワイト効果は，現象的には，明るさの対比と明るさの同化の 2 つの作用で記述できる[2]．明るさの対比とは，ターゲットに対して，明るさを誘導する領域の反対の明るさ（明の反対なら暗，暗の反対なら明）が誘導されるということであり，明るさの同化とは，明るさを誘導する領域と同じ方向の明るさが誘導されるという意味である．ここで，ホワイト効果の図の構造として，●9.2 のような二層構造を考えよう．ターゲット（●9.2 ではハート）と同層にあるその

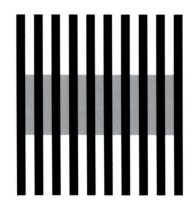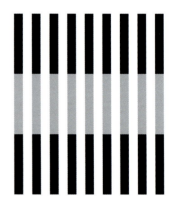

●9.1 ホワイト効果
白と黒の縞模様のうち，白の部分の一部を灰色に置き換えると暗く見え（左），黒の部分の一部を灰色に置き換えると明るく見える（右）．第 3 章「ムンカー錯視とその仲間たち」の●3.7 を再掲．

---

[1] White, M. (1979) : A new effect on perceived lightness. *Perception*, **8**, 413–416.
[2] Blakeslee, B., Padmanabhan, G., and McCourt, M. E. (2016) : Dissecting the influence of the collinear and flanking bars in White's effect. *Vision Research*, **127**, 11–17. （注：この論文は上記の現象的な記述をホワイト効果のメカニズムの推定に使っているわけではない）

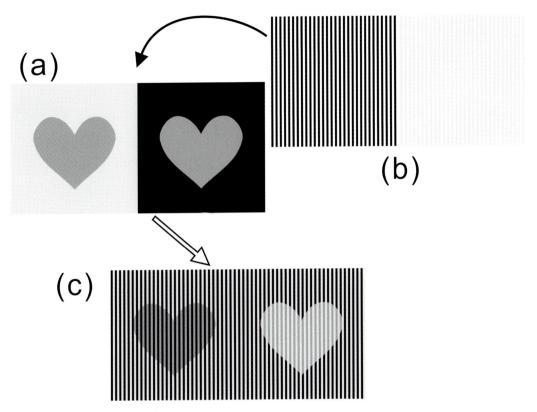

● 9.2　ホワイト効果の図のつくり方
ホワイト効果は，現象的な説明としては，明るさの対比（a）と明るさの同化（b）の組み合わせで得られる．たとえば，左の灰色のハートは，周囲が明るい（a）ので暗く誘導され，上にかぶせる縞模様は暗い（b）ので，暗く誘導される（c）．一方，右の灰色のハートは，周囲が暗い（a）ので明るく誘導され，上にかぶせる縞模様は明るい（b）ので，明るく誘導される（c）．

周囲（● 9.2a）からは明るさの対比の効果を受け，上にかぶせるもの（● 9.2b）からは明るさの同化の作用を受けると考えるのである．

9.2　ホワイト効果と並置混色の連続性

　ムンカー錯視と同様，ホワイト錯視でも，「上にかぶせるもの」すなわち● 9.2(b) に相当するものは，比較的何でもよい．格子でも，ドットでも，市松模様でもよい（● 9.3）◆1．

　さらに，「上にかぶせるもの」は，面積が大きくても小さくても，同様な明るさ錯視を引き起こす．● 9.4 では，C がホワイト効果の刺激図である．左右のハートの灰色の輝度は同じであるが，左のハートは暗く見え，右のハートは明るく見える．両図の「上にかぶせるもの」を太くしたものが，A と B である．これらも，左のハートは暗く見え，右のハートは明るく見える．特に，A は，ネオン色拡散のグレースケール版であるネオン明るさ拡散の図に相当する．一方，両図の「上にかぶせるもの」を細くすると，D と E が得られる．これらにおいても，左のハートは暗く見え，右のハートは明るく見える◆2．● 9.4 は，第 8 章「色の補完現象と並置混色」の● 8.7 のグレースケール版（無彩色版）に相当する．

◆1 上にかぶせるものが等間隔の線の時にホワイト効果と呼ばれるだけのことであって，ほかのパターンをかぶせても等価の錯視が得られると筆者は考えている．

◆2「明るさの同化」のデモ図という感じである．

68　9. ホワイト効果と並置混色

●9.3　ホワイト効果とその仲間たち
左から，ホワイト効果，土牢錯視[3]，ドット明るさ錯視[4]，デヴァロイス・デヴァロイス錯視[5].「上にかぶせるもの」は，左から縞模様，格子パターン，ドット，市松模様である．それぞれ，左のハートは暗く，右のハートは明るく見える．

　●9.5の上段は，ターゲットをハートにしたホワイト効果図である（●9.4Cとほぼ同じである）．左のハートは暗く見え，右のハートは明るく見える．●9.5の下段は，ハートの内外のパターンを入れ換えたものである．このようにすると，左右のハートの平均輝度は等しくなるが，左のハートは白く見え，右のハートは黒く見える．この図は，第8章「色の補完現象と並置混色」の●8.4とほぼ同じである．第8章で主張した通り，左が加法混色系，右が減法混色系という対応になる．「●8.4は色の錯視の話ではないので，一見話が通らないように見えるが，実は加法混色系・減法混色系は必ずしも色を前提とした系ではない」（第8章）ということについて，以下に解説する．

　並置混色はいわゆる点描である．本書で導入した加法混色系・減法混色系は，RGBあるいはCMYのサブピクセルを基本単位として表現している（第2章「並置混色と錯視」の●2.5あるいは●2.7）．

　一方，グレースケール画像を点描にする場合，いろいろなやり方があるのだが，本書のやり方は，明と暗の2つのサブピクセルから構成する方法である（●9.6）．ここでは，加法混色系は黒をキャンバスとし，減法混色系は白をキャンバスとする．加法混色系は，白を表現するためには，2つあるサブピクセルのうち1つを白にする．一方，減法混色系は，黒を表現するためには，2つあるサブピクセルのうち1つを黒にする．このため，加法混色系で表現された白と，減法混色系で表現された黒の刺激パターンが，一致する．

　ホワイト効果のうち，灰色が暗く見える側（●9.5左上）は加法混色系に相当し，灰色が明るく見える側（●9.5右上）は減法混色系に相当する．ここで，ハートの外側は両者とも白と黒の縞模様であるが，それぞれ白と黒に知覚が固定される（●9.5下段）．一方，ハートを構成する灰色は左右とも同じ輝度であ

[5]　Bressan, P. (2001)：Explaining lightness illusions. *Perception*, **30**, 1031–1046.
[5]　White, M. (1982)：The assimilation-enhancing effect of a dotted surround upon a dotted test region. *Perception*, **11**, 103–106.
[5]　De Valois, R. L. and De Valois, K. K. (1988)：*Spatial Vision*. New York: Oxford University Press.

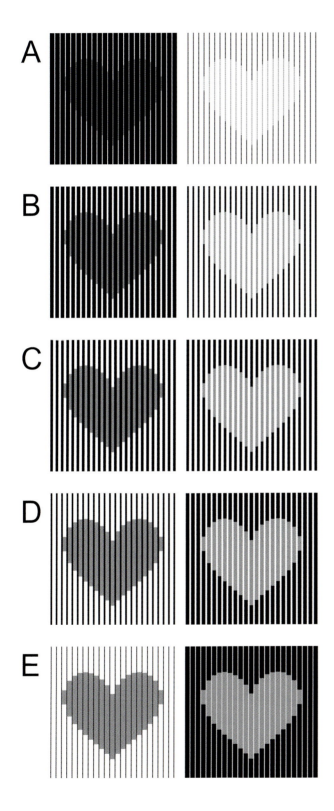

●9.4 ネオン明るさ拡散，ホワイト効果，明るさの同化

同じ灰色が用いられているが，左のハートは暗く，右のハートは明るく見える．A の左の図は，背景は黒で，白の細線と灰色の細線でできている．A の右の図は，背景は白で，黒の細線と灰色の細線でできている．これらの「細線」を段階的に太くしていった図が，B～E である．C では，「細線」と背景の間隔が等しくなっており，ホワイト効果の図である．A はネオン明るさ拡散の図であり，E はいわゆる「明るさの同化」の図である．B と C は，それらとホワイト効果の中間の図である．

70　9. ホワイト効果と並置混色

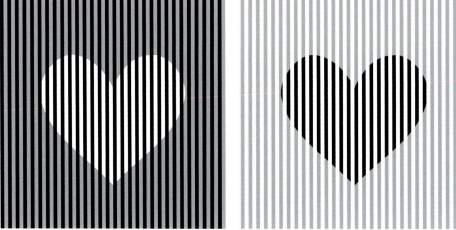

●9.5　　ホワイト効果とグレースケールの並置混色
上段はホワイト効果の図で，左のハートは暗く，右のハートは暗く見える．しかし，ハートを構成する灰色の輝度は，左右で等しい．下段は，上段のハートの内外のパターンを入れ換えたものである．左は白いハート，右は黒いハートが知覚される．しかし，ハートを構成する白と黒の縞模様の幅は同じであり，2 つのハートの平均輝度は等しい．

るが，●9.5 左上においてはハートは一番暗い部分であり，●9.5 右上では一番明るい部分である．ここで，「特定の系においては，知覚される明るさのダイナミックレンジを最大に取ろうとする傾向がある」と仮定する◆3．と，●9.5 左上ではハートはより暗く，黒に近いものとして知覚され，●9.5 右上では中央はより明るく，白に近いものとして知覚されると考えると，辻褄は合う．

◆3 第6章「ヒストグラム均等化仮説と色の錯視」のヒストグラム均等化仮説のグレースケール版に相当する

　そのわかりやすい例として，●9.7 を示す．●9.7 左では，左の人物の髪と服は黒く見え，背景は白く見える．一方，●9.7 右では，右の人物の髪と服は白く見え，背景は黒く見える．しかし，背景はどちらも同じ白と黒の縞模様であるし，髪と服を構成する灰色の縞は，左右で同じ輝度である．ホワイト効果の図は，このような並置混色画像の最もシンプルな形態であると考えることができる．

9.2 ホワイト効果と並置混色の連続性　71

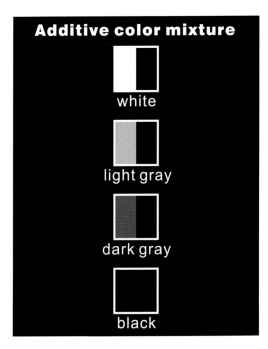
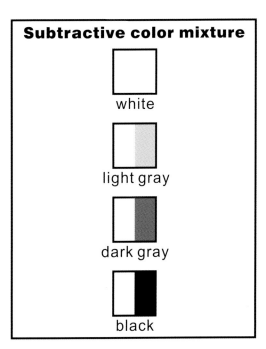

●9.6　グレースケールにおける並置混色
2つのサブピクセルで構成する場合の一例．左は加法混色系，右は減法混色系．

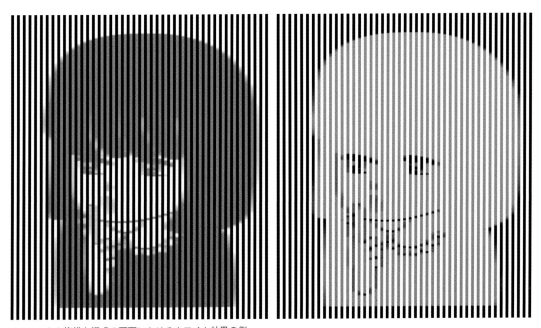

●9.7　やや複雑な構成の画面におけるホワイト効果の例
左の人物の髪と服は黒く見え，右の人物の髪と服は白く見えるが，それらを構成する灰色の縞模様の輝度は同じである．

chapter

10

2つの色変換と2つの並置混色

10.1 透明視・半透明視

いよいよ本章が第Ⅰ部の最終章である．本書では，イチゴの色の錯視のところ（第1章「イチゴの色の錯視のつくり方」）で加算的色変換について取り上げ，加算的色変換と乗算的色変換を対立させた．一方，並置混色にも2種類あることを示し，加法混色と減法混色を区別した（第2章「並置混色と錯視」）．本章では，それらの関係性を指摘する．具体的には，「加算的色変換と減法混色の並置混色は関係が深く，乗算的色変換と加法混色の並置混色は関係が深い」という主張を行う（●10.1）．

加算的色変換は半透明変換で，乗算的色変換は透明変換である．半透明（translucency）というのは，その対象を通して背後が透けて見えるが，ベールがかかったような感じに見えることである．一方，透明（transparency）というのは，そのような異物感はなく，背景の明るさは減じるが，すっきりと透明に見えることである．●10.2でいえば，左の2つのハートは半透明に見え，右の2つのハートは透明に見える．

半透明画像と透明画像の違いは，画像を構成する原色や輝度の階調値のヒストグラムを見るとわかりやすい．半透明画像では，数値の低い側の分布を欠き（●10.3上），透明画像では，数値の高い側の分布を欠くのである（●10.3下）◆1．自然な画像においては，特定の階調に偏ることはあっても，幅広く分布するのが普通である◆2．

●10.4 は，第14章「輝度勾配による明るさの錯視」の●14.3の画像を分析したものである．左の人物の髪と服は黒く見え，右のそれらは白く見えるが，輝度は同じである．その輝度の階調値は R:128, G:128, B:128 であり，どちらの画像においても，ヒストグラムの中央あたりのピーク値として反映されている．左の画像は，黒い髪と黒い服の人物の画像に，白 $\alpha=50\%$ で加算的色変換して作成した画像で，右の画像は，白い髪と白い服の人物の画像に，黒 $\alpha=50\%$ で乗算的色変換して作成した画像である．左は半透明画像に相当し，階調値の低い側の分布を欠いている．一方，右は透明画像に相当し，階調値の高い側の分布を欠いている．

◆1 ●10.3の元の画像の階調分布は，第6章「ヒストグラム均等化仮説と色の錯視」の●6.9に示されている．

◆2 ただし，肌の画像のように，数値の低い側と高い側の両方を欠く特別な画像もある（第6章「ヒストグラム均等化仮説と色の錯視」の●6.5）．

10.2 2つの色変換と2つの並置混色の等価性

さて，並置混色の話であるが，RGBを原色とする加法混色の場合，RGB値はゼロ（すなわち黒）からそれぞれの最大階調値（Rが255，Gが255，ある

Original image

Additive color change

Multiplicative color change

Additive color mixture

Subtractive color mixture

●10.1 2つの色変換と2つの並置混色の関係

上段のイチゴの画像を原画像として，シアン色 α=50%で加算的色変換したもの（中段左），シアン色 α=50%で乗算的色変換したもの（中段右），RGB 加法混色の並置混色画像（下段左），および CMY 減法混色の並置混色画像（下段右）．中段左と下段右，中段右と下段左のそれぞれの関係が深い，ということが本章の主張である．

いは B が 255）までを取る．RGB は空間的に独立した画素に描かれるため，1つの画素において「白」を出力することができない．つまり，グレースケールで考えれば，それぞれの画素は高い側の輝度の階調値を出すことができない（●10.5 下）．これは，乗算的色変換の画像に相当する（●10.3 下）．

一方，CMY を原色とする減法混色の場合（RGB を原色とする減法混色でも同様），CMY 値は C あるいは M あるいは Y から，画素としての最大値（すなわち白．RGB 表記なら，R:255, G:255, B:255）までを取る．CMY は空間的に独立した画素に描かれるため，1つの画素において「黒」を出力することができない．つまり，グレースケールで考えれば，それぞれの画素は低い側の輝度の階調値を出すことができない（●10.5 上）．これは，加算的色変換の画像に相当する（●10.3 上）．

●10.6 は，第2章「並置混色と錯視」の●2.8 の画像を分析したものである．

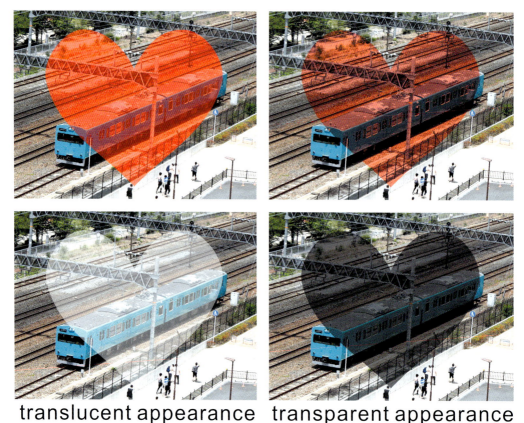

●10.2 半透明視(左)と透明視(右)
左の上下のハートは半透明に見え,右の上下のハートはクリアな透明に見える.左の上下の画像は,それぞれハートの赤あるいは白 α=50%で背後の写真と加算的色変換して作成したもので,右の上下の画像は,それぞれハートの赤あるいは黒 α=50%で背後の写真と乗算的色変換して作成したものである.ハートの中の電車の車体部分は青く見えるが,左上の画像だけ,画素としては赤い.これは,イチゴの色の錯視と同様の現象である.

左の画像は RGB を原色とする減法混色(の並置混色の)画像であり,左の画像は RGB を原色とする加法混色画像である.左右とも,髪と服は同一の RGB の縞模様でできているが,左のものは白く,右のものは黒く見える.この場合も,左の画像は低い側の階調値を含んでおらず,右の画像は高い側の階調値を含んでいない.

本章は,「加算的色変換と減法混色の並置混色は関係が深く(半透明視を随伴),乗算的色変換と加法混色の並置混色は関係が深い(透明視を随伴)」という主張をすることが目的であった.いずれにしても,「欠いている階調の分布をわざわざ引き延ばすかのように,視覚系は画像を知覚する」という考え方,すなわちヒストグラム均等化仮説(第6章)が,錯視研究の集大成である本書のキーポイント,すなわち「なぜそれらの錯視はそのように見えるのか」についての根源的な説明原理である.

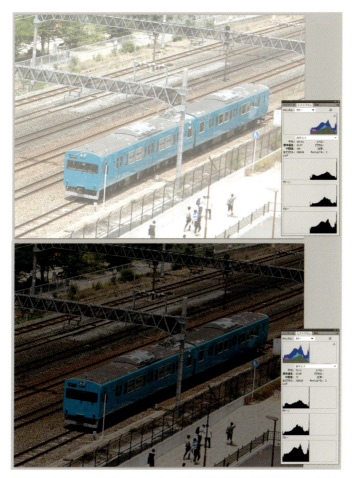

●10.3 半透明画像（上）と透明画像（下）の画像の原色の階調値のヒストグラム
半透明画像では，数値の低い側の分布を欠き，透明画像では，数値の高い側の分布を欠く．

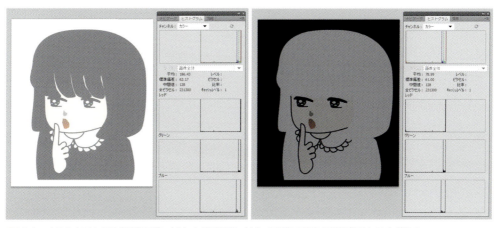

●10.4 イラストにおける半透明画像（左）と透明画像（右）の画像の原色の階調値のヒストグラム
半透明画像では，数値の低い側の分布を欠き，透明画像では，数値の高い側の分布を欠く．本図は錯視図形でもあり，左の人物の髪と服は黒く見え，右のそれらは白く見えるが，両者は同じ輝度である．

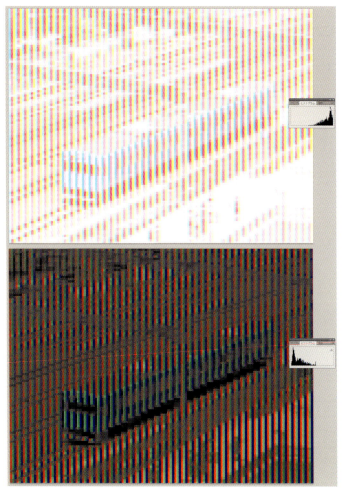

●10.5　●10.3 で用いられた電車の画像（第 6 章「ヒストグラム均等化仮説と色の錯視」の●6.9）を CMY を原色とした減法混色での並置混色変換した画像（上）と，RGB を原色とした加法混色での並置混色変換した画像（下）

減法混色の並置混色は半透明画像，加法混色の並置混色は透明画像である．画像の輝度のヒストグラムとしては，上図は階調の下方の分布を欠き，下図は階調の上方の分布を欠く．

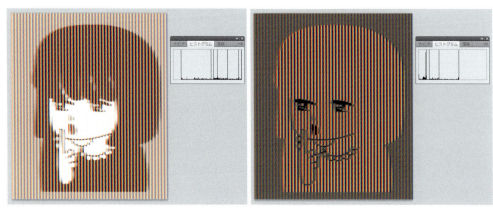

●10.6　第 2 章「並置混色と錯視」の●2.8 の画像の分析

左右の髪と服は同一の RGB 縞であるが，左は黒く，右は白く見える．左図は減法混色，右図は加法混色の並置混色画像で，第 2 章「並置混色と錯視」の●2.8 の画像の並びとは左右反対になっていることに注意（本章のストーリー展開の都合による）．左図は，輝度を示す階調の下方の分布を欠き，右図は階調の上方の分布を欠く．

第Ⅱ部 形・明るさ・動き

■ chapter ■

11. 踊るハート錯視
12. 色依存の静止画が動いて見える錯視
13. 色収差による傾き錯視
14. 輝度勾配による明るさの錯視
15. 形の恒常性と坂道の錯視

chapter 11

踊るハート錯視

11.1 ヘルムホルツの踊るハート

「踊るハート」（fluttering heart）という錯視が知られている．青を背景に赤のハートを描いた図は，図を振るなどして動かすと，ハートは踊るように動いて見える，という現象である（11.1）．19世紀のヘルムホルツの錯視とされている[◆1]．この錯視は，歴史が古い割には人口に膾炙しているとはいえず，専門家であっても，聞いたことはあっても見たことはない人の方が多い現象なのであるが，その最大の理由は，「昼間は観察しにくい」というところにある．暗いところに目が慣れた状態において，色が見える程度の照明条件下で11.1を動かすと，周辺視でよく観察できる．

[◆1] もっとも，ヘルムホルツの著書の該当箇所を読む限りは，ヘルムホルツの創作ではない[1]．

11.2 北岡の踊るハート

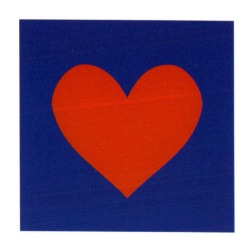

●11.1 踊るハート錯視
観察条件によっては，青背景に赤のハートは，図を揺らすと踊るように動いて見える．

今世紀に入り，筆者は昼間でも観察できる「踊るハート」図形を開発した．たとえば，11.2である．図を揺り動かすと，ハートが動いて見える．図を回転させればハートが，回転方向に動いて見える．図に目を近づけたり遠ざけたりすると，奥行き方向に遅れてハートが動いて見える．そのほか，特筆されるべきこととして，「昼間の踊るハート」の場合は，中心視で捉えたハートも動いて見える．

11.2が11.1と絵画的に異なる点は，ハートはランダムドットに囲まれていることと，ハートと背景の輝度が近いことである．この錯視は，エッジの知覚の時間差で説明できる．ハートと背景の境界（エッジ）は，色コントラストは高いが，輝度コントラストは低い．一方，ランダムドットのエッジの輝度コントラストは高い．輝度コントラストの低いエッジの知覚の成立は，輝度コントラストの高いエッジの知覚よりも時間的に遅れることを我々は明らかにしており[2]，この時間差によって，図の網膜像が

---

[1] Helmholtz, H. (1867/1962): *Treatise on Physiological Optics*, **2** (New York: Dover, 1962). English translation by J. P. C. Southall for the Optical Society of America (1925) from the 3rd German edition of *Handbuch der physiologschen Optik* (first published in 1867, Leipzig: Vos)

[2] Kitaoka, A. and Ashida, H. (2007): A variant of the anomalous motion illusion

●11.2　昼間でも観察できる「踊るハート」錯視その 1
濃い水色の背景と赤のハートの組み合わせ．図を揺らすと，ハートが遅れて動いて見える．度の入ったメガネをかけている人は，メガネを上下に動かすと，ハートは上下に動いて見える．なお，暗い条件でも，錯視は観察できる．

なめらかに動くよう刺激した場合，相対的にハートは動いて見える（遅れて動いて見える）と説明できる◆2．

色の組み合わせとしては，緑の背景に赤いハートの組み合わせでも錯視は十分強く（●11.3），●11.2の錯視の強さと比べて遜色はないところから考えて，波長が離れている色の組み合わせの方が錯視が強いというわけではない．水色の背景にピンクのハートの組み合わせでも，錯視は十分観察できる（●11.4）．ただし，ハートの色と背景の色の輝度は近い方がよいので，ピンクのハートの場合は，背景は明るめの水色の方が適している．ハートは赤系統でなくてもよく，赤の背景に水色のハートでも，この錯視は十分な強さで観察できる（●11.5）．近い色相の色同士の組み合わせでも問題ない◆3．●11.2〜11.6は赤みのある色がハートあるいは背景のどちらか用いられているが，赤みは必須ではない（●11.7）．

さらに，グレースケールでも踊るハート錯視はつくれるのであるが，錯視は弱くなるように見える（●11.8）．やはり，色はこの錯視に貢献するのかもしれない．そのほか，●11.9と●11.10は，ハートの部分がランダムドットになっているバージョンであるが，筆者は踊るハート錯視の一種と考えている．

◆2 なお，これは筆者らの説明であって，ヘルムホルツは「青の知覚は赤の知覚よりも時間的に少し遅れるから」との考えであったし，網膜の視細胞の錐体応答と杆体（桿体）応答の違いで説明する研究もある[3]．いずれが正しいか，あるいはいずれも部分的に正しいのかを明らかにすることは，今後の課題である．

◆3 たとえば，赤と黄の組み合わせ●11.6．

based upon contrast and visual latency. *Perception*, **36**, 1019–1035.

[3] Nguyen-Tri, D. and Faubert J. (2003) : The fluttering-heart illusion: a new hypothesis. *Perception*, **32**, 627–634.

80   11. 踊るハート錯視

●11.3　昼間でも観察できる「踊るハート」錯視その2
緑の背景と赤のハートの組み合わせ．図を揺らすと，ハートが遅れて動いて見える．

●11.4　昼間でも観察できる「踊るハート」錯視その3
水色の背景とピンクのハートの組み合わせ．図を揺らすと，ハートが遅れて動いて見える．

● 11.5 昼間でも観察できる「踊るハート」錯視その 4
赤の背景と水色のハートの組み合わせ．図を揺らすと，ハートが遅れて動いて見える．

● 11.6 昼間でも観察できる「踊るハート」錯視その 5
赤の背景と暗い黄色のハートの組み合わせ．図を揺らすと，ハートが遅れて動いて見える．

● 11.7 昼間でも観察できる「踊るハート」錯視その 6
暗い緑の背景と青のハートの組み合わせ．図を揺らすと，ハートが遅れて動いて見える．

● 11.8 昼間でも観察できる「踊るハート」錯視その 7
黒の背景と暗い灰色のハートの組み合わせ．図を揺らすと，ハートが遅れて動いて見える．

●11.9 昼間でも観察できる「踊るハート」錯視その8
青の背景と赤のランダムドットのハートの組み合わせ．図を揺らすと，ハートが遅れて動いて見える．2007年に講演のデモ用に作成して以来，筆者が頻繁にデモに用いている図形．

●11.10 昼間でも観察できる「踊るハート」錯視その9
黒の背景と暗い灰色のランダムドットのハートの組み合わせ．図を揺らすと，ハートが遅れて動いて見える．

chapter 12
色依存の静止画が動いて見える錯視

12.1 色依存のフレーザー・ウィルコックス錯視

　第3章コラム「蛇の回転」では，フレーザー・ウィルコックス錯視と，筆者によるその最適化バージョンの錯視について紹介したが，本章ではその最先端バージョンを紹介したい．2014年にPerception誌に発表した学術論文においては，「色依存のフレーザー・ウィルコックス錯視」(color-dependent Fraser–Wilcox illusion)[1]と筆者は呼んだ．その名の通り，色が重要で不可欠の役割を果たす錯視である．●12.1に例を示す．12個描かれている円盤は，明るい環境下では，すべて時計回り（右回り）に回転して見える．見つめている円盤は錯視が弱いか見られない（中心視で錯視が弱いか起きない）という点は，他のフレーザー・ウィルコックス錯視群の錯視と共通した性質である．この錯視が色に依存していることは，●12.1をグレースケールに変換してみれば錯視が失われることからわかる．

●12.1　色依存のフレーザー・ウィルコックス錯視の例「赤紫バージョン」(p.85)
明るい環境下では，円盤は時計回りに回転して見える．暗い環境下では錯視が逆転し，円盤は反時計回りに回転して見える．

12.2 刺激と環境の「明るさ」にも依存する

　●12.1の印刷物を明るいところで見る場合，あるいは●12.1を明るいディスプレーで見る場合は，円盤は時計回りに回転して見える．ところが，●12.1の印刷物を暗いところで見ると，円盤は反時計回り（左回り）に回転して見える．本書は印刷物であるから，暗いところで目を慣らしてから観察すると，反時計回りの回転錯視が見える．PCのディスプレーにおいても，その輝度を下げる（ディスプレーの「明るさ」を下げる）ことで，この逆錯視を観察できる場合がある．あるいは，光量1/8〜1/64程度のNDフィルター（サングラスのように光を弱めるフィルター．カメラ屋で入手できる）を通して見れば，反時計回りの回転錯視を観察できる．
　その反時計回りの回転錯視は，●12.2の方が観察しやすい．すなわち，暗い条件下では●12.1よりも●12.2において反時計回りの錯視は強い．ところが，明るい条件下で見られる時計回りの回転錯視については，●12.2は●12.1よりも錯視が弱い．このように，明るい条件下での錯視と暗い条件下での逆錯視のデモを最も効果的に行うためには，●12.1と●12.2の両方を見せるのが望ましく，色のフレーザー・ウィルコックス錯視のデモをする時は筆者は常に

---

[1] Kitaoka, A. (2014) : Color-dependent motion illusions in stationary images and their phenomenal dimorphism. *Perception*, **43**, 914–925.

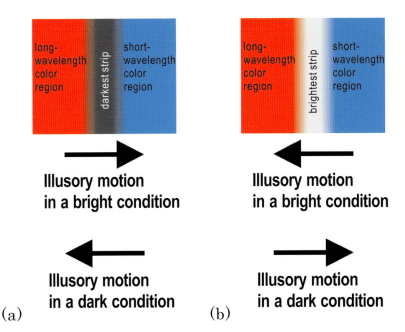

●12.3　色依存のフレーザー・ウィルコックス錯視の最小単位
明るい条件下（bright condition）では，(a) 長波長光領域（long-wavelengh color region）→最も暗いスジ（darkest strip）→短波長光領域（short-wavelengh color region）と，(b) 短波長光領域→最も明るいスジ（brightest strip）→長波長光領域の方向，に動いて見える．一方，暗い条件下（dark condition）では，それらの錯視的動きの方向が逆になる．

両者の図版を携帯している．

12.3　色依存のフレーザー・ウィルコックス錯視の最小単位

　この錯視の最小単位を●12.3に示した．最小単位は2つの領域からなり，一方は長波長光領域であり，もう一方は短波長領域である．長波長光とは，単独では赤の知覚を引き起こす光のことで，短波長光とは，単独では青の知覚を引き起こす光のことである．それら2領域の間にスジがあって，そのスジが2領域よりも（明度的に）明るいのか暗いのかによって，動いて見える方向が異なる．また，（照度的に）明るいのか暗いのかによっても錯視が逆転する．このため，色依存のフレーザー・ウィルコックス錯視は $2 \times 2 = 4$ 種類の基本錯視から成っている．

　ちなみに，緑色を引き起こす光のことを長波長光とか短波長光とは呼ばないと思うが，色依存のフレーザー・ウィルコックス錯視においては，相対的な波長の違いが重要である．このため，赤と緑の組み合わせ（この場合は緑は短波長光領域．●12.4）や青と緑の組み合わせ（この場合は緑は長波長光領域．●12.5）でも同様の錯視が観察できる．

　実は，この説明においては気持ちの悪い部分がある．この錯視の代表例である●12.1は，赤と紫の組み合わせでできている．そこでは，赤を長波長光，紫を短波長光と位置付けている．たしかにスペクトルの紫色は短波長光によって

●12.2　色依存のフレーザー・ウィルコックス錯視の例「赤青バージョン」(p.86)
明るい環境下では，円盤は時計回りに回転して見える．暗い環境下では，円盤は反時計回りに回転して見える．

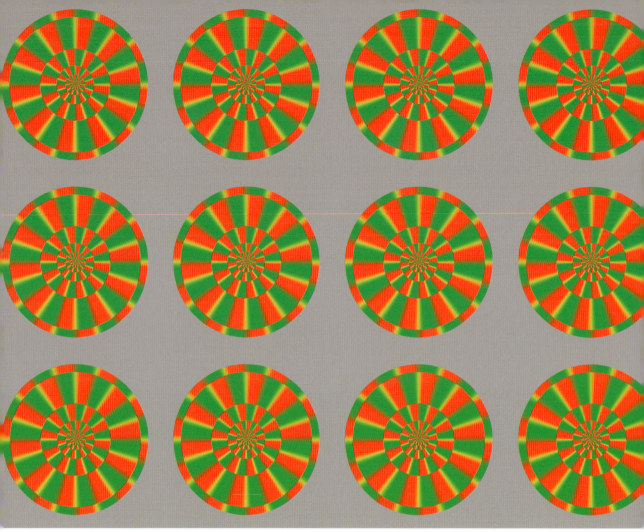

● 12.4　色依存のフレーザー・ウィルコックス錯視の例「赤緑バージョン」
明るい環境下では，円盤は時計回りに回転して見える．暗い環境下では，円盤は反時計回りに回転して見える．

惹起される色であるが，ディスプレーや印刷の紫色には長波長の成分（赤）が含まれている．つまり，短波長側に長波長側の成分が混ざっている．実は，そのようにした方が明るい条件下での錯視がより強く見えるので，錯視のデモとして生き残ったという経緯がある．これに関連して，たとえば赤と灰色の組み合わせも，明るい条件下の錯視が強い（● 12.6）．灰色には赤の成分が含まれているからである．なぜこれらの条件では錯視が強くなるのかについては，わかっていない．そもそも，色依存のフレーザー・ウィルコックス錯視がどのようなメカニズムで起こるのかということ自体が，解明されていない[1]．

◆[1] 筆者にアイデアはあるが，ここでは触れない．

12.4　色依存のフレーザー・ウィルコックス錯視を引き起こすトリガー

　これらの錯視を観察していると，以下の2点に気づく人が多いと思う．1つは，見つめているところ（中心視）では錯視が弱いということである．これは，フレーザー・ウィルコックス錯視群に共通した特徴である．静止画が動いて見える錯視には「中心視では弱い」といった一般的な傾向はなく，中心視でも十分強く見える錯視も少なくない．
　もう1つの点は，「観察者が何かをすると動いて見える」という点である．こ

●12.5　色依存のフレーザー・ウィルコックス錯視の例「青緑バージョン」
明るい環境下では，円盤は時計回りに回転して見える．暗い環境下では，円盤は反時計回りに回転して見える．

の錯視には，明白なトリガー（引き金）があるのだ．トリガーとなるものとして，眼球運動，まばたき，刺激画像を振り動かすこと，の3種類がある．眼球運動としては，サッカード（跳躍的な眼球運動）が有力候補である．まばたきは，要するに刺激のオン・オフであり，画像をオン・オフさせることでもトリガーになる．錯視画像を振り動かすということは，印刷物やスマホを目が追従できない速度で振り動かすという意味であるが，これもトリガーになる◆2．

さらにわかっていることは，明るい条件下の錯視はオンの時に発生し，暗い条件下の錯視はオフの時に起こるということである．おそらくは，いつ観察しても両方の錯視が起きているのだが，明るい時はオンの時に起こる錯視が強く，オフの時に起こる錯視が弱いのであろう．また，暗い時はオンの時に起こる錯視は弱く，オフの時に起こる錯視が強いのであろう．調光器のある照明器具や手刀を用いてオン・オフさせて，明るい時と暗い時で比べてみると，わかりやすい（●12.7）．

◆2 刺激画像を振り動かすことで色依存のフレーザー・ウィルコックス錯視が強められることを発見したのは，筆者ではなく，Yanaka and Hirano（2011）[2]である．

---

[2]　Yanaka, K. and Hirano, T.（2011）: Mechanical shaking system to enhance "Optimized Fraser–Wilcox Illusion Type V". *Perception*, **40**, ECVP Abstract Supplement, page 171.

● 12.6 色依存のフレーザー・ウィルコックス錯視の例「赤灰バージョン」
明るい環境下では，円盤は時計回りに回転して見える．暗い環境下では，円盤は反時計回りに回転して見える．

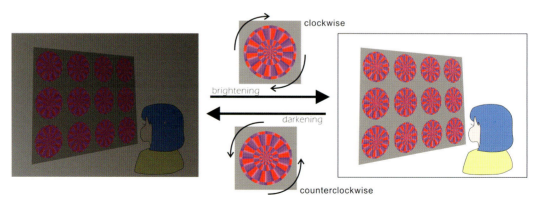

● 12.7 刺激のオン・オフと色依存のフレーザー・ウィルコックス錯視
色依存のフレーザー・ウィルコックス錯視の画像は，刺激画像の明るさが変化する時にも動いて見える．刺激画像が明るくなる時と暗くなる時では動きの錯視の方向は反対となる．

 その他

　　●12.8 は ●12.1 に似ているが，4色だけでできている点が異なる（赤，暗い紫，紫，ピンク）．●12.1 は ●12.8 を滑らかにしたもの（ぼかしたもの）であ

●12.8　色依存のフレーザー・ウィルコックス錯視の例「赤紫バージョン・ステップ変調タイプ」
明るい環境下では，円盤は時計回りに回転して見える．暗い環境下では錯視が逆転し，円盤は反時計回りに回転して見える．

るともいえる．●12.8 のようなシャープな画像より●12.1 のようななめらかな画像の方が錯視が強いと筆者は経験的に理解しており，わざわざなめらかな画像をつくっている（シャープな画像の方がつくるのは簡単）．筆者としては，高周波成分に何か抑制的な効果があると考えているのであるが，そのメカニズムはまだわからない．

　これまでストーリー展開の都合上，回転して見える画像を用いて色依存のフレーザー・ウィルコックス錯視を説明してきたが，拡大して見える図形（●12.9）や縮小して見える図形をつくることもできる．もちろん平行移動の錯視画像もあるし，波打って見える作品もある（●12.10）．

●12.9　色依存のフレーザー・ウィルコックス錯視の拡大錯視表現
渦巻きがガクガク拡大して見える．

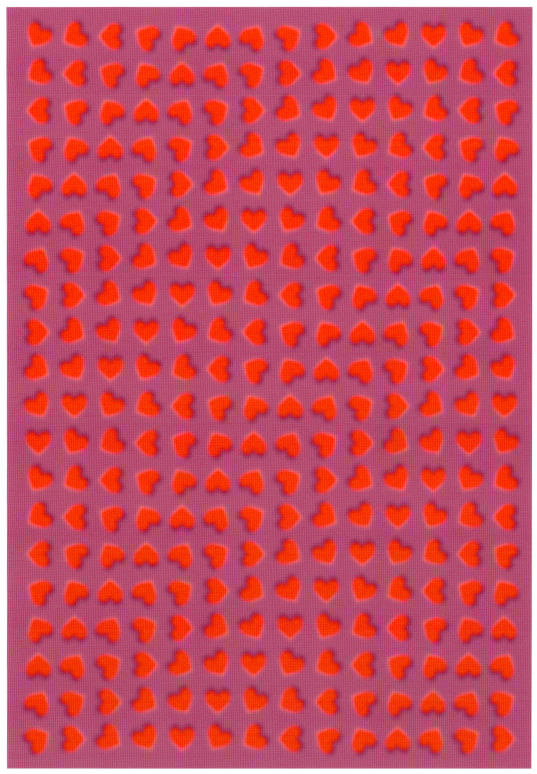

● 12.10 色依存のフレーザー・ウィルコックス錯視の波打ち錯視表現
図が波打って動いて見える．

chapter 13

色収差による傾き錯視

13.1 静止画が動いて見える錯視画像に見られる傾き錯視

13.1 を観察すると，色の再現が正しくできていれば，上のブロックは右に動いて見え，下のブロックは左に動いて見える．この現象は，「色依存のフレーザー・ウィルコックス錯視」という静止画が動いて見える錯視である．その話題は第 12 章で取り上げているので，ここでは別の現象すなわち「色収差による傾き錯視」に注目したい．

この傾き錯視は，観察者全員が見えるわけではないので恐縮だが，メガネをかけている人の多くは見えると思う．凹レンズのメガネ（近視用のメガネ）の場合，レンズの上の端でこの図を眺めると，上のブロック内の 2 列目と 3 列目は水平から反時計回りに傾いて見え（右上がりに見え），下のブロック内の 2 列目と 3 列目は水平から時計回りに傾いて見える（左上がりに見える）．レンズ

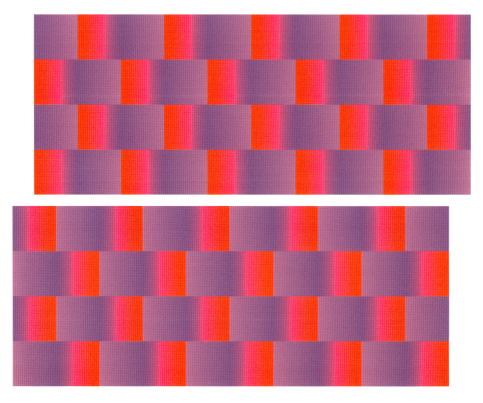

●13.1 上のブロックは右に動いて見え，下のブロックは左に動いて見える色依存のフレーザー・ウィルコックス錯視
一方，メガネをかけている人には，ブロック内の水平の境界に傾き錯視が観察されることがある（色収差による傾き錯視）．メガネをかけていなくても観察されることがあり，その場合は乱視が反映している可能性を筆者は想定している．

の下の端でこの図を眺めると，傾きは逆転して見える．凸レンズ（遠視用のメガネ）の場合はそれらの逆になると思うが，確かめていない．

　●13.1 を 90 度回転させて観察した場合（●13.2）は，凹レンズのメガネの場合，レンズの右の端でこの図を眺めると，右のブロック内の 2 列目と 3 列目は垂直から反時計回りに傾いて見え（左に傾いて見え），左のブロック内の 2 列目と 3 列目は水平から時計回りに傾いて見える（右に傾いて見える）．レンズの左の端でこの図を眺めると，傾きは逆転して見える．

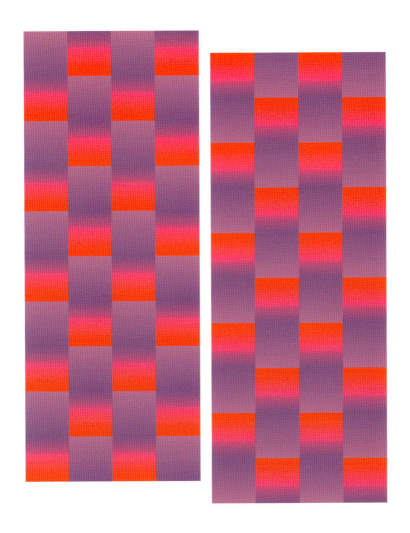

●13.2　図 13.1 を 90 度回転させたもの
　左のブロックは上に動いて見え，右のブロックは下に動いて見える．一方，メガネをかけている人には，ブロック内の垂直の境界に傾き錯視が観察されることがある．

13.2 色収差による位置ズレ現象と傾き錯視

　この傾き錯視は，長波長光（赤や黄の感覚を引き起こす光）と短波長光（青や緑の感覚を引き起こす光）の色収差（光の屈折率の違いによる位置ズレ）によって起こると考えられる．具体的には，レンズの端はプリズム状なので，レンズの端で対象を観察することで，長波長色の対象と短波長色の対象のエッジの位置ズレが起こる．たとえば，凹レンズのメガネの場合，レンズの上の端で●13.3を眺めると，赤い長方形が青い長方形よりも上方にズレて見える．レンズの下の端で観察すればその逆に見える．凸レンズのメガネであれば，それらの逆となるだろう．錯視のような雰囲気はあるが，光学的な現象だから，特に新しい知見というわけではない．

　このように，レンズによる色収差によって位置ズレ知覚が起こることについては特に疑問はないと思うが，それによってどうして傾き錯視が引き起こされるかという点については，考察が必要である．実は，●13.3の長方形の上下に，●13.4のように輝度勾配パターンを付けると，傾き錯視が観察できる．凹レンズのメガネの場合，レンズの上の端で●13.4を眺めると，水平の色の長方形列が反時計回りに傾いて見える（右上がりに見える）．レンズの下の端で観察すれば時計回りに傾いて見える．

　●13.4において，赤が上方にズレたと考えると，ズレた赤部分は上の輝度勾配の下端部分と合成されて明るい線分ができ，下の輝度勾配の上端からは離れてしまうので黒い線分が現れることになる．もちろん，輝度勾配の中にも赤の成分は入っているから，正確に記述するならもう少し複雑なことになるが，ここでは上下の境界部分に明・暗の線分が生じると考えよう．その結果，傾き錯視の一種であるモンタルボ錯視（Montalvo illusion）[1]が発生する，というのが筆者の説明である（●13.5）．ちなみに，モンタルボ錯視の基本形は●13.6のようなものである．

---

[1] 坂根厳夫（1986）：新・遊びの博物誌（2）朝日文庫；Kitaoka, A. (2007) : Tilt illusions after Oyama (1960) : A review. *Japanese Psychological Research*, **49**, 7–19.

● 13.3 レンズによる色ズレの観察用の画像
凹レンズのメガネの場合，レンズの上の端で眺めると，赤い長方形が青い長方形よりも上方にズレて見える．

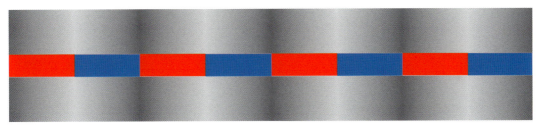

● 13.4 色収差依存の傾き錯視
凹レンズのメガネの場合，レンズの上の端で図を眺めると，水平に置かれた長方形列が反時計回りに（右上がりに）傾いて見える．

● 13.5 モンタルボ錯視の一形態
白黒の細い線分の列は水平に描かれているが，右上がりに傾いて見える．

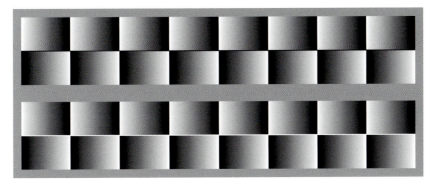

● 13.6 モンタルボ錯視の基本形
ラバトリー・ウォール錯視とも呼ばれる．鋸波輝度変調パターンを上下で方向を入れ換え，間に黒い線を引くと，この図では水平なのだが右上がりに見える．白い線を引くと，その反対に左上がりに見える．

13.3 色収差による傾き錯視の応用

この錯視の応用として，自分の眼の色収差の様子を1人で調べることができる方法を，●13.7 に示す．2本の色縞の平行線の知覚された傾き（錯視的傾き）から，眼の光学系を1枚のレンズと考えた場合，どちらの方向に厚いかがわかるかもしれない．たとえば，●13.7a で右側が八の字に開いて見える場合は，上方が厚く下方が薄い状態のプリズム形状であると推定される．左側に開いて見える場合は，下方が厚く上方が薄い状態のプリズム形状であろう．●13.7c で下側に八の字に開いて見える場合は，右方が厚く左方が薄い状態のプリズム形状で，上側に開いて見える場合は，左方が厚く右方が薄い状態のプリズム形状であろう．斜めの場合（●13.7b と ●13.7d）も同様である．

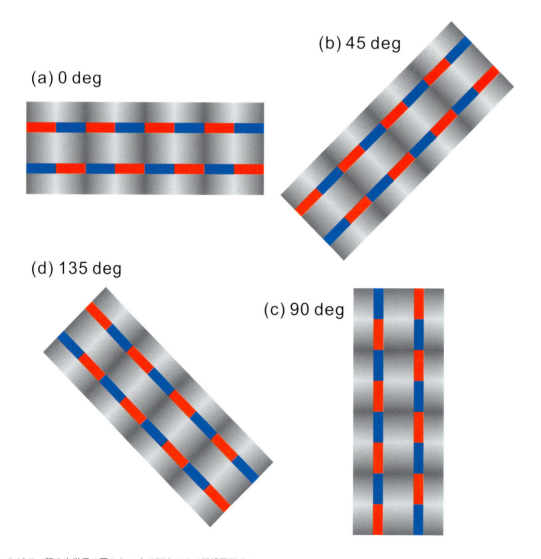

●13.7 眼の光学系の歪みを1人で測定できる錯視図版その1
たとえば，(a) の2本の色縞は物理的には水平で平行なのであるが，右側が八の字に開いて見える場合は，観察者の眼は上方が厚く下方が薄い状態のプリズム形状の光学系であることが推定できる．ほかの図でも同様で，2本が開いて見える側の90度反時計回り方向が，その反対側よりも厚いプリズム形状の光学系であると推定できる．

●13.7 は，自分の眼の光学系（メガネやコンタクトレンズ装着の場合を含む）の「歪み」の様子を1人で楽しく確認するための方法といったところである．楽しさという点でいうと，静止画が動いて見える錯視も観察できる●13.8の方が優れているだろう．実用という点では，●13.3を応用した色収差による位置ズレを用いた測定で十分である（●13.9）．

ちなみに，これらの図を用いてあなたの眼の光学系の歪みが大きいと推定された場合でも，何か問題があるということを示唆しているわけではない．あくまで，生理学的にこんなに色ズレが起きていてもなかなか困らないものだなあ，知覚のメカニズムはよくできているのだなあ，と感心するための道具である．

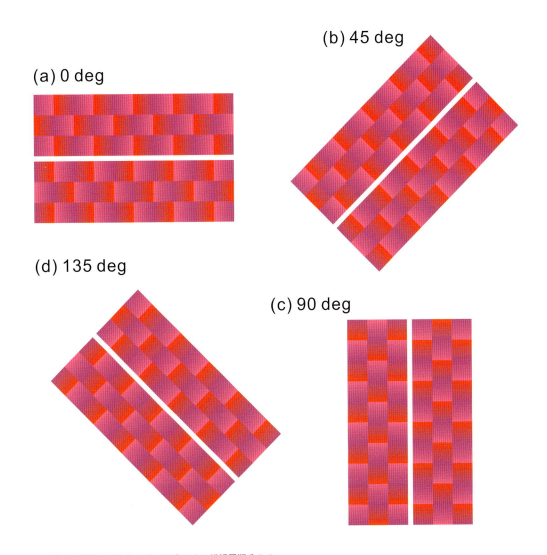

●13.8 眼の光学系の歪みを1人で測定できる錯視図版その2
たとえば，(a) の上下ブロックの内側の横列は物理的には水平で平行であるが，右側が八の字に開いて見える場合は，観察者の眼は上方が厚く下方が薄い状態のプリズム形状の光学系であると推測できる．ほかの図でも同様で，2列が開いて見える側の90度反時計回り方向が，その反対側よりも厚いプリズム形状の光学系であると推測できる．

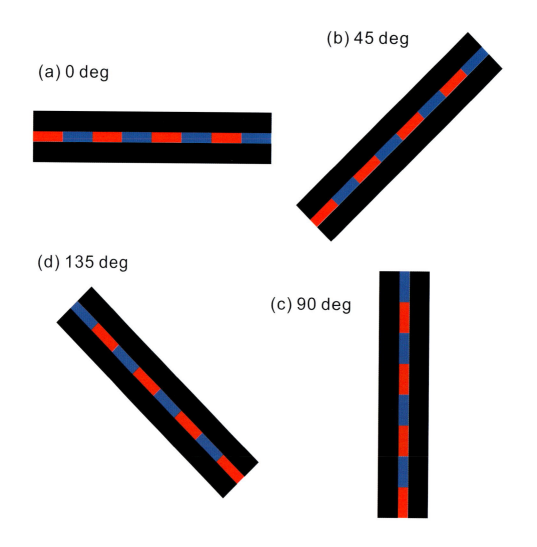

●13.9 眼の光学系の歪みを 1 人で測定できる錯視図版その 3
たとえば，(a) の色縞の赤と青の上下の縁は物理的には水平に揃っているが，赤が青より上にズレて見える場合は，観察者の眼は上方が厚く下方が薄い状態のプリズム形状の光学系であることが推定できる．ほかの図でも同様で，赤が飛び出して見える側に厚いプリズム形状の光学系であると推定できる．

13.4 色収差による傾き錯視いろいろ

　　　　色収差による傾き錯視を引き起こす錯視図形を，●13.10 にいくつか示しておく．あるものは静止画が動いて見える錯視を強く含み，あるものはそうではない．また，動いて見える錯視と傾き錯視の方向は一致しない（●13.10）．すなわち，色収差による傾き錯視は静止画が動いて見える錯視と同じ画像において観察できることが多いのではあるが，両者の同居傾向は本質的には偶然と考えられる．両者はともに，輝度勾配を重要な要因としているので，同時に発生しやすいということであろう．

13.4 色収差による傾き錯視いろいろ　　101

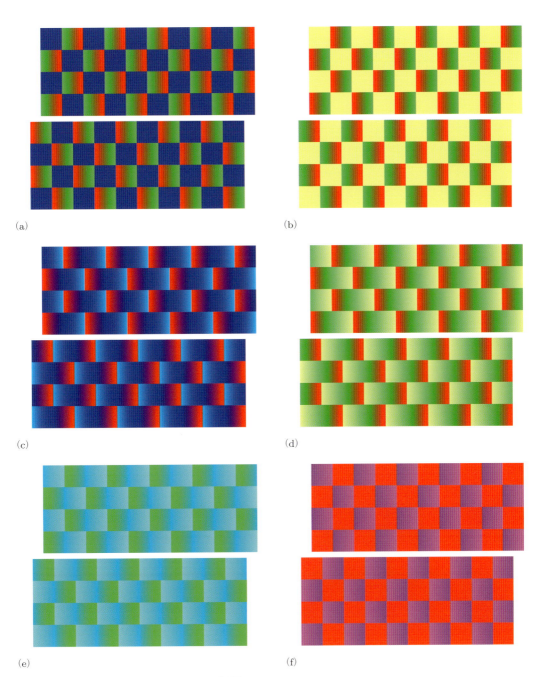

(a) (b) (c) (d) (e) (f)

● 13.10　色収差による傾き錯視を観察できる錯視図版
たとえば，凹レンズのメガネをかけている人がメガネの上の端でこれらの図を観察すると，それぞれの上のブロック内の水平列の境界は右上がりに見え，下のブロックの水平列は左上がりに見える．(a)(e)(f) については，上のブロックは右に動いて見え，下のブロックは左に動いて見える一方，(b)(c)(d) については，上のブロックは左に動いて見え，下のブロックは右に動いて見える．

chapter 14
輝度勾配による明るさの錯視

14.1 「錯視工作」の定番

筆者は，基礎的な錯視研究を進めるとともに，錯視のデザインにも取り組んでいる．それらの融合といえばよいのだろうか，だれでも簡単につくれる錯視のデモである「錯視工作」の開発も進めている[1]．

現時点（2018年夏）では，一番人気がある工作は「輝度勾配による明るさの錯視」である．上記「錯視工作2」に掲載されている．明るさのグラデーション（輝度勾配のある画像）を用意し，その中央部分を切り出し，それを明るい側に置くと暗く見え，暗い側に置くと明るく見えるというデモである（14.1）．自分でターゲットを動かすと，知覚される明るさがダイナミックに変化するので，本や動画で見るより，自分でやってみた方がおもしろい．

この錯視デザイン自体は2006年に発表したものであるが[2]，2016年に大垣市スイトピアセンターで開催した錯視工作教室において，工作のテーマの1つとして採用したのが，「錯視工作」としては最初である[3]．2018年夏に新たに動画を撮影して，SNSの一つであるツイッターで発表（ツイート）したところ，

●14.1 輝度勾配による明るさの錯視
明るさのグラデーションの中央部分を切り出し，それを明るい側に置くと暗く見え，暗い側に置くと明るく見える．すなわち，左の正方形は明るく見え，右の正方形は暗く見える．

---

[1] その成果は，下記ウェブページでご覧いただける．工作に必要な画像は，これらのページからダウンロードできる．
「錯視工作」(http://www.psy.ritsumei.ac.jp/ akitaoka/kosaku.html)
「錯視工作2」(http://www.psy.ritsumei.ac.jp/ akitaoka/kosaku2.html)
「錯視工作3」(http://www.psy.ritsumei.ac.jp/ akitaoka/kosaku3.html)
[2] 「Professor Alan Gilchrist's talk in Ritsumeikan（March 17, 2006）」
http://www.psy.ritsumei.ac.jp/ akitaoka/gilchrist2006mytalke.html
[3] 「博士が教える科学教室　錯視工作」
http://www.psy.ritsumei.ac.jp/ akitaoka/Ogaki-Suitopia2016.html

Akiyoshi Kitaoka
@AkiyoshiKitaoka

A demo of lightness perception

🌐 ツイートを翻訳

10:49 - 2018年8月12日

21,476件のリツイート　**55,359**件のいいね

💬 182　⟲ 21,476　♡ 55,359

 Akiyoshi Kitaoka @AkiyoshiKitaoka · 8月12日
Squares are of the same luminance gradient.

🌐 ツイートを翻訳

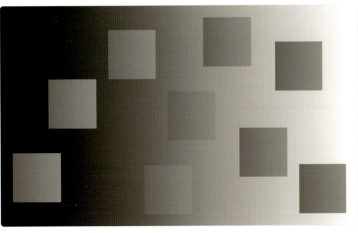

💬 7　⟲ 196　♡ 980

 別のツイートを追加

●14.2 　輝度勾配による明るさの錯視のデモを動画にしてツイートした（ツイッターで発表した）ところ，大いに人気を得たもの
本図は，ツイート6日後のスクリーンショット（画面のコピー）．

● 14.3　明るさの恒常性のデモ図
左の画像の髪と服は白く見え，右の画像のそれらは黒く見えるが，両者は同じ輝度である．このように認識すれば，本図は明るさの錯視の画像である．一方，左の画像は白い髪と服の画像を暗くしたものであり，右の画像は黒い髪と服の画像を明るくしたものであると認識すると，原画の本当の明るさ（明度）が知覚されているということから，本図は明るさの恒常性のデモ図といえる．

大いに反響があった（バズった）[4], [5]（● 14.2）．

このデモが扱っているのは，明るさの錯視である．多くの観察者は，「同じ輝度（同じ輝度勾配）の図形なのに，明るさが異なって見える．不思議である」と認識してくれるから，錯視である．錯覚とは，対象の真の性質とは異なる知覚なので，対象の輝度を真の性質と認識するなら，それとは知覚が必ずしも一致しないから，この現象は錯視ということになる．

しかし，これを明るさの恒常性の表れと見ることもできる．明るさの恒常性あるいは明度の恒常性（lightness constancy）とは，白いものは白く，黒いものは黒く見える現象である．白いものとは，その表面の光の反射率が高いもののことであり，黒いものとは，その表面反射率が低いもののことである．白いものは物理的に明るく，黒いものは物理的に暗い傾向にあるが，暗い照明下でも白いものは白く見え，明るいところでも黒いものは黒く見える（● 14.3）．

すなわち，本現象は，「明るさの錯視」のデモといってもよいし，「明るさの恒常性」のデモといってもよい（後者についてそういえる理由は後述）．「イチゴの色の錯視のつくり方」（第 1 章）の場合は，「色の錯視」のデモといってもよいし，「色の恒常性」のデモといってもよいので，両者には明るさと色の違いはあるが，同等の現象である．

「なぜ，対象を置いた位置に依存して，明るさが異なって見えるのか」という錯視の説明としては，「明るさの対比」（● 14.4）を持ち出す論者は多いと思われる．相対的に明るいところに対象を移動させたら，対比で暗く見え，相対的に暗いところに移動させたら，対比で明るく見えるという説明である．一見もっともな説明ではあるが，「明るさの対比」は現象の記述であり，メカニズムの概

---

[4] 「A demo of lightness perception」
https://twitter.com/AkiyoshiKitaoka/status/1028473566193315841
[5] ツイート後 3 日間で，いいね 5 万件，リツイート 2 万件の大人気を得た．

◐14.4　明るさの対比図形
左右の小さい正方形の輝度（物理的明るさ）は同じであるが，相対的に暗い周囲に囲まれた左の正方形は明るく見え，相対的に明るい周囲に囲まれた右の正方形は暗く見える．

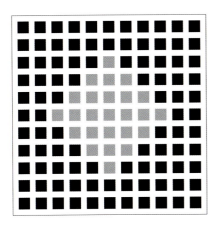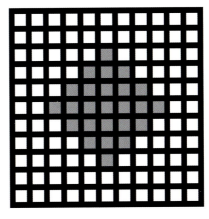

◐14.5　ブレッサンの土牢錯視
左右の画像のそれぞれにおいて，ダイヤモンド状に配置された灰色の正方形群の輝度は同じであるが，相対的に明るい格子に囲まれた左の正方形群は明るく見え，相対的に暗い格子に囲まれた右の正方形群は暗く見える．

念ではない．「ターゲットの周りが暗ければターゲットは明るく見え，周りが明るければ暗く見える」というメカニズムが視覚系には実装されていると主張するのであるならば，たとえばそれはブレッサンの土牢錯視（dungeon illusion）[6]（◐14.5）を説明できない．

　輝度勾配による明るさの錯視は，以下のように説明できる．◐14.1は，左側が暗くて右側が明るい輝度勾配である．その中央から正方形領域をコピーして，左右に位置を変えてペーストすればできあがりである．そうすると，正方形を通る水平横断の輝度（luminance）のプロファイルは，◐14.6のグラフの一番上のようになる．ここで，なめらかな輝度変化は照明によるものであり，急激な輝度変化は物体の輪郭部分によるものと「仮定」すれば，輝度のプロファイルは，照明（◐14.6ではilluminance（照度）と表記）と反射率（reflectance）のプロファイルに分解できる（◐14.6の下の2つのグラフ）．対象の明るさ（明度）は反射率の知覚であるから，左の正方形の反射率は背景よりも高く，右の正方形は低いということになり，正方形を左に置くと明るく見え，右に置く

---

[6]　Bressan, P.（2001）: Explaining lightness illusions. *Perception*, **30**, 1031–1046.

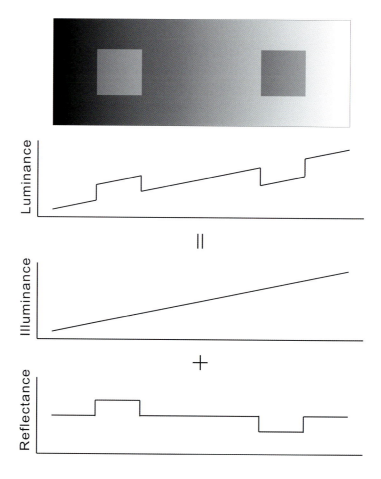

●14.6　輝度勾配による明るさの錯視のゲシュタルト心理学的説明

と暗く見えることと矛盾しない．

　視覚系は，目に入ってくる光の強さ，すなわち輝度しかわからない．ところが，輝度は照明×反射率で決まる．我々が欲しい情報は対象の明るさ，すなわち反射率なので，与えられた輝度だけでは対象の明るさはわからない．2×4なら8だが，8だけ与えられて何と何をかけたかを求めよといわれているようなものだからである．このような問題は「不良設定問題」と呼ばれるが，一定の解を得るためには，別途ほかの条件が必要である．それは「制約条件」と呼ばれたり，「ゲシュタルト要因」と呼ばれたりする．前の段落中に記述した「仮定」が，それである．だまし絵の文脈で考察するなら，「トリック」ということばがピッタリくるかもしれない．

　なお，このデモを考案したのは筆者であり，この説明も筆者が独自に考え出したものであるが，この錯視におけるこの説明と等価なものは，ランドとマッカンのレティネックス理論[7]において既に示されていると，筆者は理解している．

---

[7]　Land, E. H. and McCann, J. J. (1971): Lightness and retinex theory. *Journal of the Optical Society of America*, **61**, 1–11.

Column

まぶしい錯視

　明るさの錯視の一種に，まぶしく見える錯視というものがある．●1がその例である．筆者たちの用語では，視覚的ファントムの一種[1]だが，一般的にはザバンニョのグレア錯視[2]として知られている．錯視ではあるが，見ると瞳孔が縮小するという反応を引き起こすという報告がある[3]．

●1　まぶしく見える錯視
図の中央部分はまぶしく見えるが，この本のページの白と同じである．

---

[1] Kitaoka, A., Gyoba, J., and Sakurai, K. (2006): Chapter 13 The visual phantom illusion: a perceptual product of surface completion depending on brightness and contrast. *Progress in Brain Research*, **154** (Visual Perception Part 1), 247–262.

[2] Zavagno, D. (1999): Some new luminance-gradient effects. *Perception*, **28**, 835–838.

[3] Laeng, B. and Endestad, T. (2012): Bright illusions reduce the eye's pupil. Proceedings of the National Academy of Sciences of the United States of America (PNAS), February 7, **109** (6), 2162–2167.

chapter 15

形の恒常性と坂道の錯視

　形の恒常性（shape constancy）とは聞きなれない用語であるが，空間知覚や物体知覚において，重要な奥行き手がかりである．形の恒常性は，「四辺形は長方形に見える」あるいは「楕円は円に見える」という現象である．あるいは，「視覚系は四辺形を長方形として見る」あるいは「視覚系は楕円を円として見る」傾向である．

　説明がこれだけではもちろん意味不明で，「台形や不等辺四角形は長方形ではないのだが」と怪訝に思われるところである．ところが，現実の視世界では，長方形の対象は視線に垂直でなければその網膜像は長方形にならず，台形や不等辺四角形として網膜に投射される．

　もちろん，長方形の対象を視線に垂直に見るケースは，珍しいことではない．たとえば，教室で生徒が黒板を見るときは，黒板は視線に垂直である．しかし，より多くの場合，角度の大小や方向の違いはあるが，対象は斜めから見ることが多い．この現実原則に視覚系は対応しており，台形や不等辺四角形が与えられれば，「それは視線方向とは垂直でない面に乗った長方形の可能性がある」と「推論」するのである（●15.1）．

　要するに，形の恒常性は，単眼性の奥行き手がかりを用いた奥行き知覚であ

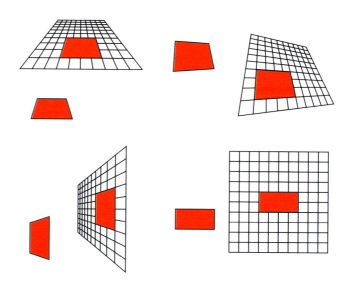

●15.1　形の恒常性の説明図
形の恒常性とは，台形や不等辺四角形は奥行き方向に傾いた面に乗った長方形として知覚される現象である．なお，長方形は，視線方向に垂直な面に乗った長方形と知覚される．

●15.2 坂道の錯視の例
香川県高松市，屋島ドライブウェイにある「ミステリーゾーン」．手前の坂は下り坂に見えるが，ゆるい上り坂（1.0°）である．つまり，バスは急な上り坂（5.0°）を上っているところである．

る．その仲間に，陰影からの立体知覚や重なりの要因による奥行き知覚（T接合部の知覚）がある．ちなみに，両眼立体視（いわゆる3D）は両眼の網膜像の差を手がかりとした奥行き知覚である．

　本章では，形の恒常性の概念を用いて，奥行き知覚の錯覚の一種である「坂道の錯視」について，考察したい．

　坂道の錯視あるいは縦断勾配錯視[1]とは，上り坂が下り坂に見えたり，下り坂が上り坂に見えたりする坂道のことである．英語では"magnetic hill"と呼ばれる．これは「磁力の丘」という意味で，「ギアをニュートラルに入れたクルマが，磁力で引き寄せられるかのように，思った方向とは反対の方向に動き出す」というエンターテインメント体験にちなんだ用語である◆1．

　●15.2は，おそらく日本で一番有名な高松市の「ミステリーゾーン」である．写真では，手前が下り坂，奥が上り坂に見えるが，ともに上り坂である．要するに，手前はゆるい上り坂で，奥は急な上り坂である．勾配が異なる坂が凹状に接続している地点を，「サグ」と呼ぶ．高速道路では，交通渋滞はサグで発生しやすいことが知られているため，坂道の錯視の研究においても，サグの注目度は高い．

　一方，坂道の錯視が生じるサグ部を，●15.1のような四辺形が集まった図で説明するなら，●15.3のように表すことができる．この絵が道路だとするなら，解釈できる可能性は以下の5つである．

　（1）手前は上り坂，奥はそれより急な上り坂

◆1 世界各地に見られ，観光地となっているところもあるが，専門家にしか知られていないところも数多い．

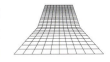

●15.3 サグ部の模式図
形の恒常性から，手前と奥は面の奥行き方向の傾きが異なって見える．

---

[1] 對梨成一（2008）：縦断勾配錯視—周囲視環境と床の傾斜効果—．心理学研究，**79**，125–133．

●15.4　●15.2 を上から見たところ
奥の坂は上り坂に見えるが，ゆるい下り坂である．

(2) 手前は水平，奥は上り坂
(3) 手前は下り坂，奥は上り坂
(4) 手前は下り坂，奥は水平
(5) 手前は急な下り坂，奥はそれよりゆるい下り坂

　●15.2 の現象に合わせて解釈するなら，それらの面の重力方向を基準とした傾きを，周囲の情報からは十分推定できない場合は，視覚系は解釈 (3) を採用する可能性がある．●15.2 の地点を上側から見た場合も同様で，手前は急な下り坂，奥はゆるい下り坂であるが，知覚としては，手前は下り坂で，奥は上り坂に見える (●15.4)．

●15.5　クレスト部の模式図
形の恒常性から，手前と奥は面の奥行き方向の傾きが異なって見える．

　2 つの異なる勾配の坂の接点が凸のところは，「クレスト」と呼ばれる (●15.5)．クレスト部を含む図も，この絵が道路だとするなら，解釈できる可能性は以下の 5 つである．

(1) 手前は急な上り坂，奥はそれよりゆるい上り坂
(2) 手前は上り坂，奥は水平
(3) 手前は上り坂，奥は下り坂
(4) 手前は水平，奥は下り坂
(5) 手前は下り坂，奥はそれより急な下り坂

　サグ部と同様，クレスト部においても，それらの面の重力方向を基準とした傾きを，周囲の情報からは十分推定できない場合は，視覚系は解釈 (3) を採用すると考えられる．●15.6 は，手前は急な上り坂，奥はゆるい上り坂であるが，奥は下り坂に見える錯視スポットである．その反対に，●15.7 は，手前はゆるい下り坂，奥は（撮影位置からは見えないが）急な下り坂のクレスト部で

● 15.6 クレスト部のある坂道の錯視の例その1
青森県三戸郡階上町の「後戻り坂」．手前は上り坂，奥は下り坂に見えるが，実際には奥も上り坂である（勾配は測量していないが，ギアをニュートラルに入れて停めたクルマは手前に向かって転がり出す）．

● 15.7 クレスト部のある坂道の錯視の例その2
鹿児島県中種子町（種子島）にある錯視名称のない坂．一時期「ゆうれい坂」という看板が立っていたらしいが，2013年の調査の時には見当たらなかった．坂は海に向かって上り坂に見えるが，実際にはゆるい下り坂（0.9°）である．つまり，クレスト部の向こうは急な下り坂（この勾配は測量していない）になっていて，撮影後クルマで走行したのだが，ブレーキを大いに踏む必要があった．

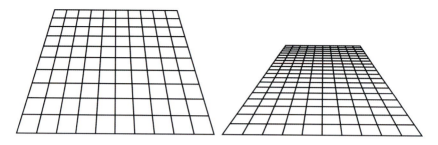

● 15.8 「二股部」の模式図
形の恒常性から，左と右は面の奥行き方向の傾きが異なって見える．

● 15.9 二股部のある坂道の錯視の例その 1
鹿児島県南種子町（種子島）にある錯視名称のない坂．左は上り坂，右の道路の右側にある看板の付いた茶色の電柱のあたりは下り坂に見えるが，実際には右もゆるい上り坂（0.8°）である．ちなみに，左の上り坂の勾配は 4.5°，右の奥の坂もやや急な上り坂で，勾配は 3.5° であった．手前の合流部分を含めて，すべて上り坂で構成されており，雨が降ると水はすべて手前に流れてくるので，不思議な光景となるという．

あるが，手前の坂が上り坂に見える．

道が二股に分かれ，分かれた先の奥行き方向の傾きが，●15.8 のように異なる場合はどうか．この絵が道路だとするなら，解釈できる可能性は以下の 5 つである．

(1) 左は上り坂，右はそれよりゆるい上り坂
(2) 左は上り坂，右は水平
(3) 左は上り坂，右は下り坂
(4) 左は水平，右は下り坂
(5) 左は下り坂，右はそれより急な下り坂

●15.10 二股部のある坂道の錯視の例その2
三重県伊賀市の「伊賀コリドールロード」にある錯視名称のない坂．左は上り坂，右は下り坂に見えるが，実際には左も下り坂である（この勾配は測量していないが，ギアをニュートラルに入れて停めたクルマは奥に向かって転がり出す）．

「ここらぼ錯視」（筑波錯視）：道路の幅の変化によって、道路に錯視的勾配が知覚される。
2018年7月、筑波義信氏（立命館大学総合心理学部3回生）が発見。

●15.11 水平な道路が盛り上がって見える錯視
奥の2車線から，右折レーンを間に入れるために両側の歩道を狭くして3車線に切り替わるあたりを頂点として，路面が盛り上がっているように見える．立命館大学大阪いばらきキャンパスA棟6階にあるラウンジ「ここらぼ」から見える．この部分が水平であることを，筆者は現場で目視およびクルマによる走行によって確かめた．

　サグ部・クレスト部と同様，二股部においても，それらの面の重力方向を基準とした傾きを，周囲の情報からは十分推定できない場合は，視覚系は解釈（3）を採用すると考えられる．●15.9は，左は急な上り坂，右はゆるい上り坂なのであるが，右は下り坂に見える．一方，●15.10では，左はゆるい下り坂，右は急な下り坂の二股部なのであるが，左の坂は上り坂に見える．

　これらの坂道の錯視は，坂道が実際の傾きとは反対方向に傾いて見えるとい

●15.12　エイムズの部屋の例
イギリス北部ケズウィックにある "The Puzzling Place" にて．左右の椅子は同じ大きさなのに，右の椅子が左の椅子より大きく見える．椅子が傾いていることから，床は水平ではないことがわかる．

う現象であったが，水平な道路なのに勾配があるように見える錯視スポットもある．●15.11 は，2018 年 7 月に，立命館大学総合心理学部の学生がキャンパスの建物から発見した坂道の錯視「ここらぼ錯視」である．交差点に右折レーンを設置した関係で，高い建物から見下ろした道路の形がちょうど●15.5 の形（クレスト部の形）になっていて，錯視的クレスト部によって道路が盛り上がって見えるというわけである．高速道路の料金所周辺を上空から眺めたら，同様の錯視が見えそうである．

そのほか，通常はそう認識されないが，エイムズの部屋も坂道の錯視の仲間である．

●15.12 のエイムズの部屋は，筆者がイギリス出張中に訪れた娯楽施設にあったものである．通常観客がエイムズの部屋で注目するのは，左右の椅子は同じ大きさなのに，右の椅子が左の椅子より大きく見えることである．この仕組みであるが，「時計」と「窓」の付いた背景の壁は，撮影位置からは長方形に見えるように設計されているので，形の恒常性により，背景の壁は視線と垂直な面にあると知覚される．このため，左右の椅子は観察者から等距離にあると知覚される．しかし，実際には左の椅子は右の椅子よりも遠くにあるので，網膜像あるいは写真に写った大きさは左の椅子の方が小さい．等距離に置かれている対象の大きさが異なって見えるということになるのだから，右の椅子が左の椅子より大きく見えるという仕掛けである．

エイムズの部屋を観察するときは，人間を立たせて遊ぶことが多いのでなかなか気づかないのであるが，●15.12 のように椅子を立たせてみれば，床が傾

いていることがわかる．しかし，床は水平に知覚される．これは，形の恒常性により，床は視線と平行な面に見えるからである．もっとも視線と平行な面だからといって，重力的に水平とは限らないが，たとえば「視野の上下軸は重力軸とみなす」とか，「長方形は垂直・水平に置かれているものとみなす」といった強い規定力（ゲシュタルト要因あるいは制約条件）が別途あって，床は水平に知覚されるのであろう．いずれにしても，エイムズの部屋の床は，実際は傾いているのに水平に見えるのだから，エイムズの部屋は坂道の錯視を含んでいる．

　最後に，おもしろいと思われる風景を一つ紹介する．● 15.13 は，鳥取県境港市と島根県松江市との間にかかる江島大橋という橋を，松江市側から望遠レンズで撮影したものである．大変な急勾配に見えるので，「ベタ踏み坂」と呼ばれている．勾配は 45 度以上もありそうに見えるが，橋の麓にあった看板によれば，実際の勾配は 6.1% というから，3.5 度程度である．坂道を望遠レンズで撮影すると，その網膜像である台形が長方形に近くなるため，坂道は視線に垂直な面に近づいて見えるということであろう．

● 15.13　ベタ踏み坂（江島大橋）
望遠レンズで坂を撮影すると，実際より急な坂に見える例である．

索　引

あ　行

明るさの恒常性　104
明るさの錯視　21
明るさの対比　21
明るさの同化　21
アドビ・イラストレーター（Adobe Illustrator）
　　5
アルファブレンディング　4, 7

イチゴの色の錯視　6
位置ズレ知覚　96
色依存のフレーザー・ウィルコックス錯視　84
色コントラスト　78
色収差　96
色収差による傾き錯視　94
色の恒常性　5
色の錯視　6
色の対比　6, 22
色の同化　22
陰影　109
印刷　6, 84

渦巻き錯視　65

エイムズの部屋　114
sRGB 変換　41
ND フィルター　84

凹レンズ　94
奥行き知覚　108
踊るハート　78
踊るハート錯視　79

か　行

重なりの要因　109
加算的色変換　4
画像処理による二色法　57
形の恒常性　108
傾き錯視　63
加法混色　14
眼球運動　89

記憶色説　10
疑似原色　19
輝度　8, 105
輝度勾配　100
輝度勾配による明るさの錯視　102
輝度コントラスト　78

空間周波数　24
グラフィックス　4
栗木方式の二色法　54
グレア錯視　107
クレスト　110

ゲシュタルト要因　106
減法混色　14

効果量　10
交通渋滞　109
コーレルドロー（CorelDRAW）　5
ここらぼ錯視　114
個人差　49
混色　14

さ　行

最適化型フレーザー・ウィルコックス錯視　29
坂道の錯視　109
サグ　109
錯視
　明るさの——　21
　イチゴの色の——　6
　色依存のフレーザー・ウィルコックス——　84
　色収差による傾き——　94
　色の——　6
　渦巻き——　65
　踊るハート——　79
　傾き——　63
　輝度勾配による明るさの——　102
　グレア——　107
　ここらぼ——　114
　最適化型フレーザー・ウィルコックス——　29
　坂道の——　109
　縦断勾配——　109
　静脈が青く見える——　36

静止画が動いて見える――29
　土牢――105
　フェーズシフト――63
　フレーザー――65
　フレーザー・ウィルコックス――29
　ポップル――63
　ムンカー――22, 66
　モンタルボ――96
錯視工作　102
錯視デザイン　102
サッカード　89
サブピクセル　68

視覚系　15, 106
視覚的ファントム　107
視覚的補完　58
色覚異常　53
色相　7
遮蔽　7
縦断勾配錯視　109
乗算的色変換　43
照度　87, 105
静脈が青く見える錯視　36
照明　105
磁力の丘　109

静止画が動いて見える錯視　29
制約条件　106
1677万色　40

た 行

台形　108
ダイナミックレンジ　70
だまし絵　106
短波長光　54

知覚の時間差　78
中心視　84
長波長光　54

ツイッターの投票（錯視の個人差）　49
土牢錯視　105

ディスプレー　14
T接合部　109
点描　15

瞳孔　107
透明　5
透明視　7
透明度　7
透明変換　72
凸レンズ　95
トリガー　89
トリック　106

ドローソフト　5

な 行

24ビットカラー　40
二色法　4
二色法画像　56
256階調　40

ネオン明るさ拡散　67
ネオン色拡散　58

は 行

肌色　36
反射率　105
反射率の知覚　105
反対色　6
半透明　8
半透明変換　72

ヒストグラム　41
ヒストグラム圧縮　46
ヒストグラム均等化　43
ヒストグラム均等化仮説　42
ビットマップデータ　5
昼間の踊るハート　78

フェーズシフト錯視　63
物理的明るさ　18
不透明度　5
プリズム　96
不良設定問題　106
フルカラー画像　40
フレーザー・ウィルコックス錯視　29
フレーザー錯視　65
プログラミング　11
分解能　15

平均輝度　18
並置混色　15
ペイントソフト　5
ベクトルデータ　5
ベタ踏み坂　115
蛇の回転　29

ポップル錯視　63
ホワイト効果　24, 66

ま 行

まばたき　89

ミステリーゾーン　109

無彩色　25
ムンカー錯視　22, 66

明度　87, 105
明度の恒常性　104
眼の光学系　98
眼の光学系の歪み　99

網膜像　15

モンタルボ錯視　96

ら　行

ランドの二色法　54

立体知覚　109

レティネックス理論　106

著者略歴

北岡 明佳（きたおか あきよし）

1961 年	高知県に生まれる
1991 年	筑波大学大学院心理学研究科博士課程修了
	東京都神経科学総合研究所主事研究員
2001 年	立命館大学文学部助教授
2006 年	立命館大学文学部教授
2006 年	ロレアル色の科学と芸術賞・金賞（第 9 回）
2007 年	日本認知心理学会独創賞（第 3 回）
現　在	立命館大学総合心理学部教授（2016 年〜）
	教育学博士
	「錯視・錯聴コンテスト」審査委員長

専門は知覚心理学（錯視・目の錯覚）．特に，錯視の実験心理学的研究と錯視のデザインの創作を得意としており，2013 年に「ガンガゼ」（2008 年発表）がレディ・ガガのアルバム「アート・ポップ」のCDインサイドデザインに使用される．2017 年に「赤くないのに赤く見えるイチゴ」錯視画像を発表，Twitter などで話題になる．

主著に『トリック・アイズ』シリーズ（カンゼン，2002-2019），『現代を読み解く心理学』（丸善，2005），『錯視の科学ハンドブック』（分担執筆，東京大学出版会，2005），『だまされる視覚 錯視の楽しみ方（DOJIN 選書1）』（化学同人，2007），『錯視 完全図解―脳はなぜだまされるのか？（ニュートンムック Newton 別冊）』（監修，ニュートンプレス，2007），『錯視入門』（朝倉書店，2010），『知覚心理学―心の入り口を科学する（いちばんはじめに読む心理学の本5）』（編著，ミネルヴァ書房，2011），『錯視と錯覚の科学（ニュートンムック Newton 別冊）』（監修，ニュートンプレス，2013），『錯視の科学（おもしろサイエンス）』（日刊工業新聞社，2017）．

イラストレイテッド　錯視のしくみ　　定価はカバーに表示

2019 年 9 月 1 日　初版第 1 刷

著　者　北　岡　明　佳
発行者　朝　倉　誠　造
発行所　株式会社　朝倉書店

東京都新宿区新小川町6-29
郵便番号　162-8707
電　話　03（3260）0141
Ｆ Ａ Ｘ　03（3260）0180
http://www.asakura.co.jp

〈検印省略〉

© 2019〈無断複写・転載を禁ず〉　　シナノ印刷・渡辺製本

ISBN 978-4-254-10290-1　C 3040　　Printed in Japan

JCOPY ＜(社)出版者著作権管理機構　委託出版物＞

本書の無断複写は著作権法上での例外を除き禁じられています．複写される場合は，そのつど事前に，(社)出版者著作権管理機構（電話 03-5244-5088, FAX 03-5244-5089, e-mail: info@jcopy.or.jp）の許諾を得てください．

立命館大 北岡明佳著

錯視入門

10226-0 C3040　　B5変判 248頁 本体3500円

錯視研究の第一人者が書き下ろす最適の入門書。オリジナル図版を満載し，読者を不可思議な世界へ誘う。〔内容〕幾何学的錯視／明るさの錯視／色の錯視／動く錯視／視覚的補完／消える錯視／立体視と空間視／隠し絵／顔の錯視／錯視の分類

玉川大 小松英彦編

質感の科学
―知覚・認知メカニズムと分析・表現の技術―

10274-1 C3040　　A5判 240頁 本体4500円

物の状態を判断する認知機能である質感を科学的に捉える様々な分野の研究を紹介〔内容〕基礎（物の性質，感覚情報，脳の働き，心）／知覚（見る，触る等）／認知のメカニズム（脳の画像処理など）／生成と表現（光，芸術，言語表現，手触り等）

海保博之監修・編　日比野治雄・小山慎一編
朝倉実践心理学講座3

デザインと色彩の心理学

52683-7 C3311　　A5判 184頁 本体3400円

安全で使いやすく心地よいデザインと色彩を，様々な領域で実現するためのアプローチ。〔内容〕I. 基礎，II. 実践デザインにむけて（色彩・香り・テクスチャ，音，広告，安全安心），III. 実践事例集（電子ペーパー，医薬品，橋など）

椙山女大 橋本令子・椙山女大 石原久代編著

生活の色彩学
―快適な暮らしを求めて―

60024-7 C3077　　B5判 132頁 本体2800円

家政学，生活科学の学生のための色彩学の入門テキスト。被服を中心に，住居，食など生活の色全般を扱う。オールカラー。〔内容〕生活と色／光／生理／測定／表示／調和と配色／心理／色材／文化／生活における色彩計画／付表：慣用色名

前東大 大津元一監修
テクノ・シナジー 田所利康・東工大 石川　謙著

イラストレイテッド 光の科学

13113-0 C3042　　B5判 128頁 本体3000円

豊富なカラー写真とカラーイラストを通して，教科書だけでは伝わらない光学の基礎とその魅力を紹介。〔内容〕波としての光の性質／ガラスの中で光は何をしているのか／光の振る舞いを調べる／なぜヒマワリは黄色く見えるのか

愛媛大 十河宏行著
実践Pythonライブラリー

心理学実験プログラミング
―Python/PsychoPyによる実験作成・データ処理―

12891-8 C3341　　A5判 192頁 本体3000円

Python(PsychoPy)で心理学実験の作成やデータ処理を実践。コツやノウハウも紹介。〔内容〕準備（プログラミングの基礎など）／実験の作成（刺激の作成，計測）／データ処理（整理，音声，画像）／付録（セットアップ，機器制御）

前首都大 市原　茂・岩手大 阿久津洋巳・
お茶女大 石口　彰編

視覚実験研究ガイドブック

52022-4 C3011　　A5判 320頁 本体6400円

視覚実験の計画・実施・分析を，装置・手法・コンピュータプログラムなど具体的に示しながら解説。〔内容〕実験計画法／心理物理学的測定法／実験計画／測定・計測／モデリングと分析／視覚研究とその応用／成果のまとめ方と研究倫理

旭川医大 高橋雅治・
D.W.シュワーブ・B.J.シュワーブ著

心理学英語［精選］文例集

52021-7 C3011　　A5判 408頁 本体6800円

一流の論文から厳選された約1300の例文を，文章パターンや解説・和訳とあわせて論文構成ごとに提示。実際の執筆に活かす。〔構成〕本書の使い方／質の高い英論文を書くために／著者注／要約／序文／方法／結果／考察／表／図

日本基礎心理学会監修
坂上貴之・河原純一郎・木村英司・
三浦佳世・行場次朗・石金浩史責任編集

基礎心理学実験法ハンドブック

52023-1 C3011　　B5判 608頁 本体17000円

多岐にわたる実験心理学の研究法・実験手続きを1冊で総覧。各項目2ないし4頁で簡潔に解説。専門家・学生から関心のある多様な分野の研究者にも有用な中項目事典。〔内容〕基礎（刺激と反応，計測と精度，研究倫理，など）／感覚刺激の作成と較正（視覚，聴覚，触覚・体性など）／感覚・知覚・感性（心理物理学的測定法，評定法と尺度校正など）／認知・記憶・感情（注意，思考，言語など）／学習と行動（条件づけなど）／生理学的測定法（眼球運動，脳波など）／付録

日本視覚学会編

視覚情報処理ハンドブック（新装版）

10289-5 C3040　　B5判 676頁 本体19000円

視覚の分野にかかわる幅広い領域にわたり，信頼できる基礎的・標準的データに基づいて解説。専門領域以外の学生・研究者にも読めるように，わかりやすい構成で記述。〔内容〕結像機能と瞳孔・調節／視覚生理の基礎／光覚・色覚／測光システム／表色システム／視覚の時空間特性／形の知覚／立体（奥行き）視／運動の知覚／眼球運動／視空間座標の構成／視覚的注意／視覚と他感覚との統合／発達・加齢・障害／視覚機能測定法／視覚機能のモデリング／視覚機能と数理理論

上記価格（税別）は2019年8月現在